ソーシャルデザイン・アトラス

山崎 亮

社会が輝くプロジェクトとヒント

鹿島出版会

ソーシャルデザインを取り巻く状況

「世界には恵まれない人がたくさんいる」。昔からよく目にしてきた言葉だ。その原因についても、これまでよく聞かされてきた。戦争、災害、貧困、教育、食料、病気など。

「世界だけじゃないぞ。日本国内にもさまざまな社会問題がある」。こういう話もよく耳にする。鬱、自殺、孤独死、限界集落、エネルギー、商店街の疲弊、いじめ、ドラッグなど。

こうした言葉は、これまでいろんな場所で目にしたり耳にしたりしてきた。デザインを学ぶ学生や実践するデザイナーも、この世の中には問題がたくさんあることを知っているはずだ。ところが、デザイナーがこの種の社会問題に対して積極的に取り組んでいるという話はあまり聞かない。世界で活躍するデザイナーの作品集を眺めても、社会問題に取り組むデザインを目にすることは少ない。同様に、日本を代表するデザイナーの仕事が特集された雑誌を並べても、社会問題に取り組むプロジェクトはほとんど見つからない。これはどうしたことだろう。

デザインを学び始めたころに教えられることのひとつに、「デザインは人びとの生活を豊かにする」というものがある。デザイン系の雑誌には毎月毎月、斬新でオシャレなデザインが紹介される。デザイナーズマンションの広告には「ワンランク上のライフスタイルを」などと書かれていることが多い。たしかにデザインは人びとの生活をより豊かなものにしていると言えるだろう。こうした能力を持ったデザイナーなら、社会問題を抱えた人びとの生活を豊かにすることもできるはずだ。半年ごとに発売される携帯電話をデザインしながら生きていくのも悪くない人生だが、安全な水が手に入らない地域で生活する人たちに適切なデザインを提示して感謝されるような生き方もいい。デザインを学ぶ学生たちと話をしていると、消費を煽るようなデザインではなく、誰かに感謝されるようなデザインを生み出していきたいと考えている人が多いことに気づく。僕が学生だった20年前を思い出して比べてみれば、社会貢献型のデザインに興味を持つ学生の割合は確実に増えていると言えるだろう。

ここでは便宜上「商業的なデザイン」と「社会的なデザイン」というふたつのデザインについて考えてみたい。もちろん、この二者は相互に絡み合ってデザインというアウトプットを生み出しているのだが、ここではそれらを少し分けて考えてみることにする。商業的なデザイン、つまりコマーシャルデザインの前提にある課題は「商品が売れなくなること」である。売り上げが下がってきた、これは大変な課題だ、ということで新たなデザインが求められる。一方、社会的なデザイン、つまりソーシャルデザインの前提にある課題は、戦争や貧困や病気などの社会問題である。

実際には、コマーシャルデザインの要素とソーシャルデザインの要素が両方含まれたデザインを目にすることが多い。売り上げが下がってきたことが課題であったとしても、より省エネルギーな製品をデザインしたり、環境に負荷をかけない素材を使った製品をデザインしたりすることもある。コマーシャルデザインの中にソーシャルデザインの要素が組み込まれているわけだ。ただし、売り上げが増加することが見込めない場合は、省エネも環境への配慮も積極的には行われないことが多い。コマーシャルな要素とソーシャルな要素をそれぞれどれくらいの割合でデザインに織り込むかは、企業の社会的責任にも関係する重要な意思決定につながる。

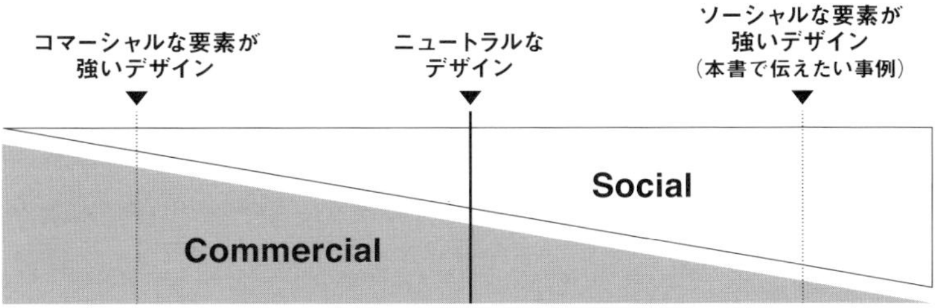

本書では便宜上、コマーシャルの視点が強い製品のデザインをコマーシャルデザイン、ソーシャルな視点が強い製品のデザインをソーシャルデザインと呼んでいる。本書で紹介するデザインは、いずれもソーシャルな視点が強いデザインである。

ソーシャルデザインの歴史

考えてみれば、「ソーシャルデザイン」とは回りくどい表現である。デザインはそもそもソーシャルなものだ。「デザイン」の前にわざわざ「ソーシャル」を付けなければならないくらい、現代はコマーシャルデザインがデザインの主流になっているということなのだろう。ところが、この状態はそれほど昔から続いているわけではない。デザインがコマーシャル色を強くしたのはこの40年くらいのことである。簡単にデザインの歴史的な経緯を振り返ってみよう。

近代のデザインについて語ろうとするとき、18世紀から19世紀のイギリスで起きたいくつかの出来事を抜きに進めるわけにはいかない。そのひとつは18世紀の農業革命である。農業革命によって生産が飛躍的に拡大し、多くの食料を生み出すことに成功した。これによって人口が大幅に増加し、農業生産をますます拡大させることが求められた。その結果、大規模な農地を持つ地主たちは、小作人を農地から追い出し、限られた農業関係者だけで効率的な農業経営を行うことにした。

追い出された小作人たちが路頭に迷っていたとき、都市部では産業革命による工場生産が盛んになった。当時の工場は機械化が進んでいたとはいえ、工程には人間の力が必要であり、多くの人手を求めていた。その結果、農地を閉め出された小作人たちが都市部に集まり、工場労働者として活躍することになった。

彼らが居住していたのは長屋形式の集合住宅であり、6m四方の部屋に10

人の労働者が寝泊まりしていた。下水道などの衛生施設が完備されていなかったため、病原菌などが繁殖するとペストやコレラが流行し、数万人程度の死者が出ることになった。

こうした状態を打破するために、多くのデザイナーが立ち上がった。18世紀後半にイギリスのロバート・オウエンがデザインした理想的な工業村は、広場や学校や共同キッチンなどを持つ近代的なヴィレッジだった。実現した工業村のひとつである「ニューラナーク」は現在も存在し、世界遺産に登録されている。同じく18世紀後半にシャルル・フーリエがデザインした住宅地のうち、「ファミリステール」という工業村は学校や銭湯やランドリーなどを共有にした理想的な共同体だった。オウエンやフーリエは、後に『資本論』をまとめたマルクスやエンゲルスに「空想社会主義者」と揶揄されたが、社会的な課題を都市デザインによって解決しようとした初期のソーシャルデザイナーだったと言えよう。

19世紀の後半になると、工場労働者の貧困や生活環境の悪化は激しさを増した。こうした問題に対して、大学教員だったジェームズ・スチュワートや経済学者のトインビーらが中心になってセツルメント運動を展開した。各地にセツルメント会館が設立され、社会福祉や生涯学習の場となった。これによって労働者たちはさまざまなことを学ぶことができ、社会を改良するためのアイデアを持つことになる。こうした運動を現地で体験した片山潜は日本にセツルメント運動を紹介し、これが20世紀には学生セツルメント運動へとつながることになる。

また、同時期にウィリアム・モリスらを中心としたアーツ・アンド・クラフツ運動が花開く。モリスはそれまでの大量生産された粗悪な製品が、それをつくる側にとっても使う側にとっても悪影響を及ぼすことを指摘した。手仕事の重要性や田園郊外での健康的な生活の実現を推奨したモリスらの主張は、フランスのアール・ヌーヴォー、ドイツのユーゲントシュティール、ウィーンの分離派、スコットランドのグラスゴー派、そして日本の民藝運動にも影響を与えた。同時代を生きた美術批評家、ジョン・ラスキンは、生活の規格化や労働の機械化に反対し、モリスらの運動を賞賛したのである。

続く20世紀初頭にもイギリスの都市部における劣悪な生活環境を改善しようと立ち上がったデザイナーがいた。エベネザー・ハワードである。彼は田園都市と呼ばれる郊外型の住宅を計画し、レイモンド・アンウィンらがその考え方を引き継いで実現させた。ロンドンやグラスゴーなどの工業都市における劣悪な居住環境から抜け出し、田園地帯の中で健康的な生活を営むことを意識し、農業、工業、商業がバランスよく配置された人口3万人の郊外都市をデザインしている。ほかにも、工場と住宅をうまく配置した都市デザインで知られるトニー・ガルニエや、太陽光や風がすべての住戸に行き渡る画期的な垂直都市を提案したル・コルビュジエなど、社会問題を美しい形で解決しようとした建築家やデザイナーの取り組みがある。

都市の公害問題だけではない。戦争や難民の問題に取り組んだデザイナーもいる。1920年代、フィンランドの内戦後、難民キャンプをデザインしたのが建築家のマルッティ・ヴァリカンガスである。当時20代だったヴァリカンガスは、周囲にある森林を伐採して調達した木材でシンプルなログハウスを設計した。1940年代には、ふたつの世界大戦の復興のために応急住宅を開発したジャン・プルーヴェが活躍している。簡単に組み立てることができる鉄骨によってつくられた6m×6mの難民住宅は有名だ。ちなみに彼はそのときナンシー市の市長をまかされていたという。

貧困の問題に取り組んだデザイナーとしては、エジプトで活躍したハッサン・ファヒトが有名だろう。彼は貧しい村の建築を積極的に支援している。住民参加型で住宅のデザインを考えたファヒトは、人びとともに建築することの意義を深く理解していた。こうした実践と思想をまとめた本として、1970年代には『貧しい者のための建築』という書籍を刊行している。バックミンスター・フラーは、地球環境問題について考えるとともに、人びとが安価に住宅を手に入れることができるよう、構造的に工夫した住宅を提案している。

このように、モダンデザインの多くは社会的な課題を解決することをめざしたソーシャルデザインであった。デザイン評論家の柏木博は、「モダンデザインは当初、いかに貧困な生活環境をなくしていくかということがひとつの発端になっていた」と振り返る(『デザインの教科書』)。しかしその後、先進国のデザインは「ポストモダン」という潮流に巻き込まれることになる。戦後、多くの国で経済成長が叫ばれた際、デザインもまた経済成長のための道具として使われることが多くなった。見た目が新しくなること、機能が増えることなどを引き受け、加速度的にコマーシャルな要素を強めた。先進国の好景気とポストモダンデザインの流行とが相まって、デザインとデコレーションとの区別が付きにくくなったと言えよう。

デザインにコマーシャルな視点が求められた1970年代と80年代、ソーシャルデザインはあまり注目されなくなる。だからといって、ソーシャルデザインシーンに何の変化もなかったわけではない。目立たないものの、着実にその実践は続けられていたのである。

思想的な背景

1970年代には、ソーシャルデザインに影響を与える書籍が多く出版されている。ここではそのうちの3冊を挙げるにとどめたい。

1冊目は、1971年に刊行されたヴィクター・パパネックの『生きのびるためのデザイン』(晶文社)である。当時、商業主義的になりつつあったデザインに警鐘を鳴らし、デザインは商品を売るための手段ではなく、社会に奉仕する役割を担うべきだと主張した。そして、資源の再利用、障がい者のためのデザイン、参加型デザインの重要性などについて説いた。パパネックはその後も、『人間のためのデザイン』『地球のためのデザイン』など、ソーシャルデザインに関する書籍を出版し続けている。

2冊目は、パウロ・フレイレの『被抑圧者の教育学』(亜紀書房)である。1970年に英語版が出版され、多くの人に読まれることになった書籍だ。フレイレは、人生に降り掛かる多くの課題を乗り越えるためには自由な発想が必要であり、自由を手に入れようと思えば理論と実践が大切になるという。同様に、社会問題を乗り越えようとするデザインには自由な発想が必要であり、それを得ようと思えば理論と実践のバランスが重要になる。ソーシャルデザインの教育プログラムが、常に理論と実践をともに大切にする理由はここにあると言えよう。また、「答えを教えるのではなく、答えを導きだすプロセスを教えるべきである」というフレイレの主張は、ソーシャルデザインが住民とともにデザインを考えたりつくり上げたりすることの理論的な背景になっていると考えられる。さらに、ソーシャルデザインが大切にしている「対話」や「協働」や「組織化」についても、フレイレは早くからその重要性を指摘している。

3冊目は、1973年に出版されたエルンスト・シューマッハーの『スモール イズ ビューティフル』(講談社)である。シューマッハーは、先進国の資本集約的な巨大技術が、結果的に環境破壊をもたらすなど人間の意に服さないものになってゆくことを指摘した。そのうえで、地域の実情に合致し、人間の心情に寄り添った適正規模の技術のことを「中間技術」と呼び、その大切さを説いた。こうした主張がソーシャルデザイン分野に影響を与えていることは間違いない。ソーシャルデザインの現場では、地域の課題を解決するために適正規模の技術が注意深く選ばれることが多い。

そのほかにも、『ホールアースカタログ』『宇宙船地球号操縦マニュアル』など、ソーシャルデザインの思想に影響を与える書籍が次々と刊行されるなか、ビジネスシーンでもソーシャルな要素が注目されるようになる。1976年にはバングラデシュでグラミン銀行が発足。集落の女性たちが無利子でお金を借りられる仕組みが生まれた。ムハマド・ユヌスによって設立されたこの銀行は、1983年に独立した銀行になる。1981年にはビル・ドレイトンがアショカ財団を設立し、ソーシャルビジネスに取り組む起業家たちを応援し始めた。同じころ、精神科医のポール・ポラックが国際開発エンタプライズを設立し、世界中の貧困地域におけるデザインを検討し始めた。

現在のソーシャルデザイン

1990年代は、主要なソーシャルデザインスタジオが生まれた時代だったと言える。まず、1993年にサミュエル・モクビー率いる「ルーラル・スタジオ」がオーバーン大学で誕生した。続いて、1995年にセルジオ・パレローニが主宰する「ベーシック・イニシアティブ」がワシントン大学で設立されている。さらに、1997年にはブライアン・ベルによって「デザイン・コープ」が生まれ、1999年にキャメロン・シンクレアが「アーキテクチュア・フォー・ヒューマニティ」というNPOを組織している。90年代に誕生したこれらのソーシャルデザインスタジオは、プロジェクトを通じて相互に協働していることが特徴であり、多くのデザイナーがスタジオ間を行き来している。例えば、ブライアン・ベルは、モクビーの元でディレクターをしていた時期があり、その後はパレローニと協働してプロジェクトを進めていたこともある、といった具合だ。

2000年代に入ると、さらに多くのソーシャルデザインスタジオが誕生する。マサチューセッツ工科大学のエイミー・スミスは「Dラボ（D-lab）」というソーシャルデザインプログラムを立ち上げる。これは、社会問題をデザインで解決することを目的とした教育プログラムで、多くの学生が参加することになった。そしてその結果、2001年には大学内に「デザイン・ザット・マター」というNPOが立ち上がった。現在、このNPOは地域の社会的な課題を解決するための組織としてさまざまなプロジェクトに携わっている。

ジョン・ピーターソンによって2002年に設立されたNPO法人「パブリックアーキテクチュア」は、社会問題を解決するためにデザイナーの力を集めることを目的とした組織である。彼らはアメリカ中の建築家に連絡して、実働時間の1%をソーシャルデザインのために使ってほしいと訴えた。その結果、100以上の建築事務所がこれに賛同し、ソーシャルデザインのために時間を割くことを約束したという。現在では、ソーシャルデザインに関わる多くの組織と連携しながら実践的な活動を行っており、前述のアーキテクチュア・フォー・ヒューマニティやデザイン・コープをはじめ、プロジェクト・フォー・パブリックスペース(PPS)、アソシエーション・フォー・コミュニティデザイン(ACD)、ADPSR(社会的責任を果たす建築家、デザイナー、プランナーのネットワーク)などと一緒にプロジェクトを進めている。2003年には、カリフォルニアのアート・センター・カレッジ・オブ・デザインで、デザインを通じて社会的な課題の解決をめざす「デザイン・マター」というプログラムが生まれた。同じ年にスタンフォード大学では、デザインコンサルティングファームIDEOのデイヴィッド・ケリーによって「Dスクール(d.school)」が設立されている。世界的な課題をデザインの力で解決しようとする野心的な教育プログラムだ。低価格の太陽光発電を途上国に普及させたDライト社の設立者、サム・ゴールドマンはDスクールの修了生である。

「デザイン・マター」や「Dスクール」のような大学内のスタジオには、連携先のNPOやNGOから定期的に社会的な課題に関する相談が持ち込まれる。こうした現場の課題に対してデザインによる解決策を提示するよう求められるため、学生たちにとってはかなり実践的な教育となっている。こうした教育は、90年代にルーラル・スタジオやベーシック・イニシアティブなどのスタジオが模索してきた実践型教育の延長にあると言えよう。また、「Dラボ」のように実践的な教育プログラムだからこそ、受講生を中心としたNPOなどが設立され、すぐに実務を担当することができるという点も見逃せない。

ソーシャルデザインに関する展覧会

大学の実践的な教育だけではない。美術館や博物館でもソーシャルデザインに関する展覧会が盛んに開催されている。2005年には、カナダのオンタリオ美術館で「マッシブ・チェンジ」という展覧会が行われた。ディレクターはブルース・マウ。レム・コールハースとともに『S, M, L, XL』という枕のように分厚い書籍をつくったことで有名なデザイナーである。この展覧会では、交通、エネルギー、情報、新素材などに関する新しい発明的デザインを紹介し、こうした発想が戦争や貧困や廃棄物などの社会問題を解決する可能性がある、という未来のビジョンを示した。マッシブ（大規模）なチェンジ（変化）が起きているということを示す展覧会だった。その内容は同名の書籍『Massive Change』にまとめられている。

2007年には、ニューヨークのクーパー・ヒューイット国立デザイン博物館でソーシャルデザインの展覧会「残り90%のためのデザイン（Design for the Other 90%）」展が行われた。世界人口の1割程度しかいない裕福な人のためのデザインではなく、9割の人のためのデザインを展示するという趣旨である。世界中で使われているソーシャルデザインの実例を展示解説するとともに、デザイナーたちへのインタビューなどもまとめられており、ソーシャルデザインの動きを把握するのに適した企画展だった。その内容は『世界を変えるデザイン』という書籍にまとめられている（日本語版発行は英治出版）。この展覧会のキュレーションを担当したシンシア・スミスは、建築設計事務所に勤めているときにニューヨークの9.11と遭遇し、社会を変革するために政治家を志したという。選挙に出るも落選し、ハーバード大学の行政大学院に入学して行政学について学ぶ。修了後、政治や行政ではなく、デザインの力で社会を変革すべく、クーパー・ヒューイットデザイン美術館にてソーシャルデザインの企画展を担当することになる。その後、スミスは2010年に「なぜデザインが必要なのか？（Why Design Now?）」展を企画し、仲間のキュレーターと協力して前回よりも多くのソーシャルデザインの事例を集めた。同展の内容は『なぜデザインが必要なのか？』として刊行されている（英治出版）。

同じくMoMAでは、2009年に「スモール・スケール、ビッグ・チェンジ（Small Scale, Big Change）」展が開催された。事例の数はそれほど多くなかったが、プロジェクトの背景、目的、主体、デザイナーの経歴などについてくわしく解説されていたのが特徴的である。

見えないソーシャルデザイン

デザインを学ぶ学生や、実務としてデザインに携わっているデザイナーでも、以上のようなソーシャルデザインの潮流について目にすることは少ないだろうと推察する。コマーシャルデザインについては、雑誌の特集やテレビの番組で伝えられることが多い。商業と結びついているのでスポンサーがつきやすいのだろう。有名なプロダクトが紹介されたり、デザイナーの特集が組まれたりする。ところがソーシャルデザインについてはほとんど紹介されない。

スポンサーがつきにくいという理由でソーシャルデザインの実践が紹介されないというのはもったいない。紹介されようがされまいが、今も世界中でソーシャルデザインの実践は続いているのである。とはいえ、いくつかの書籍や雑誌はソーシャルデザインについて紹介している。ところがこれらのほとんどが英語である。英語を使う人口が多いため、ニッチな情報でも販売数を延ばすことができるからだろう。これを日本語で紹介しても出版として成立しないことが多い。つまり、日本のデザイナーは言語的な理由だけでソーシャルデザインの世界的な潮流をあまり目にしない境遇に陥っているわけだ。コマーシャルデザインの事例は日々目にするものの、ソーシャルデザインの実践を日本語で知る機会は驚くほど少ない。

そこで、世界中で取り組まれているソーシャルデザインの事例を日本語で紹介し、デザインの力を活かすことができるフィールドがまだまだたくさんあることを示すために本書は書かれた。もちろん、英語で書かれたソーシャルデザインの書籍を日本語に翻訳したものはいくつかある。それだけでも救いだ。しかし、まだまだ数は少ない。日本語で書き下ろしたソーシャルデザイン関連書籍は数えるほどしかない。本書が日本のデザイン関係者にとってソーシャルデザインを理解する一助になれば幸いである。なお、本書を起草するうえで参考にした書籍は、英語日本語とも巻末にリスト化しておいた。

ソーシャルデザインを考える視点

マサチューセッツ工科大学でDラボを立ち上げたエイミー・スミスは、これまでのコマーシャルな視点が強いデザインと、ソーシャルな視点が強いデザインの違いについて、「3つのデザイン革命」という言葉で表現している。それによると、ソーシャルデザインは以下の3点を大切にしながらデザインを進めることが重要だという。

1. 適正な技術を使うこと。仕事につながる技術であること。地元の原料を使う技術であること。地元の人が使いこなせる技術であること。
2. デザインのプロセスに住民が参加すること。地域の課題を特定する際に住民が議論に参加すること。資源を探す際にも住民が参加すべき。そうすれば技術が地元に根付くことになる。
3. 解決策を住民とともに実行すること。単に専門家が答えを持ち込むのではなく、一緒に解決策に取り組むこと。解決策を提供するのではなく、解決策を生み出すのに必要なスキルを教えるべき。

これらの視点は、前述したパパネック、フレイレ、シューマッハーの影響を多分に受けている。僕もまた、こうした流れを引き継いでソーシャルデザインの事例を「建てながら学ぶ」、「想像力を拡げる」、「誇りを取り戻す」、「たしかな暮らしのために」の4つの視点から整理してみたいと思う。

CONTENTS

誇りを取り戻す

たしかな暮らしのために

本書に登場するプロジェクト

18 | Hazelwood School
19 | The Book Exchange
22 | United Bottles
32 | Maggie's Cancer Caring Centres
42 | Riot Cleanup

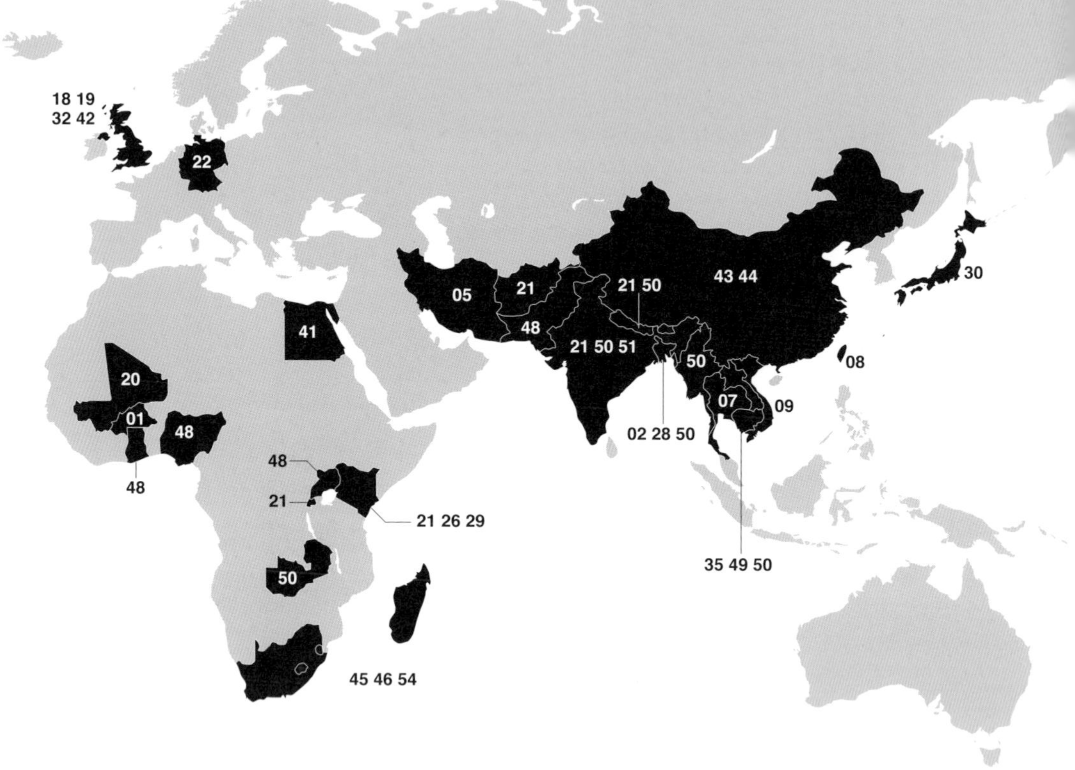

01 | Gando Primary School
20 | Kinkajou Microfilm Projector
21 | One Laptop per Child
26 | Faces of Favelas
29 | Mahiga Hope High School Rainwater Court
41 | To Keep Egypt Clean
45 | Play Pump
46 | Hippo Water Roller
48 | Life Straw
50 | Bamboo Treadle Pump

02 | METI Handmade School
05 | Super Adobe
07 | Mechai Pattana School
08 | Wastepaper School
09 | Bamboo Primary School
28 | Life in 1.5 x 30
30 | ひかど市場
35 | Sra Pou Vocational School
43 | Bridge School
44 | A Bridge Too Far
49 | The ROVAI pump
50 | Bamboo Treadle Pump
51 | Water Storage System

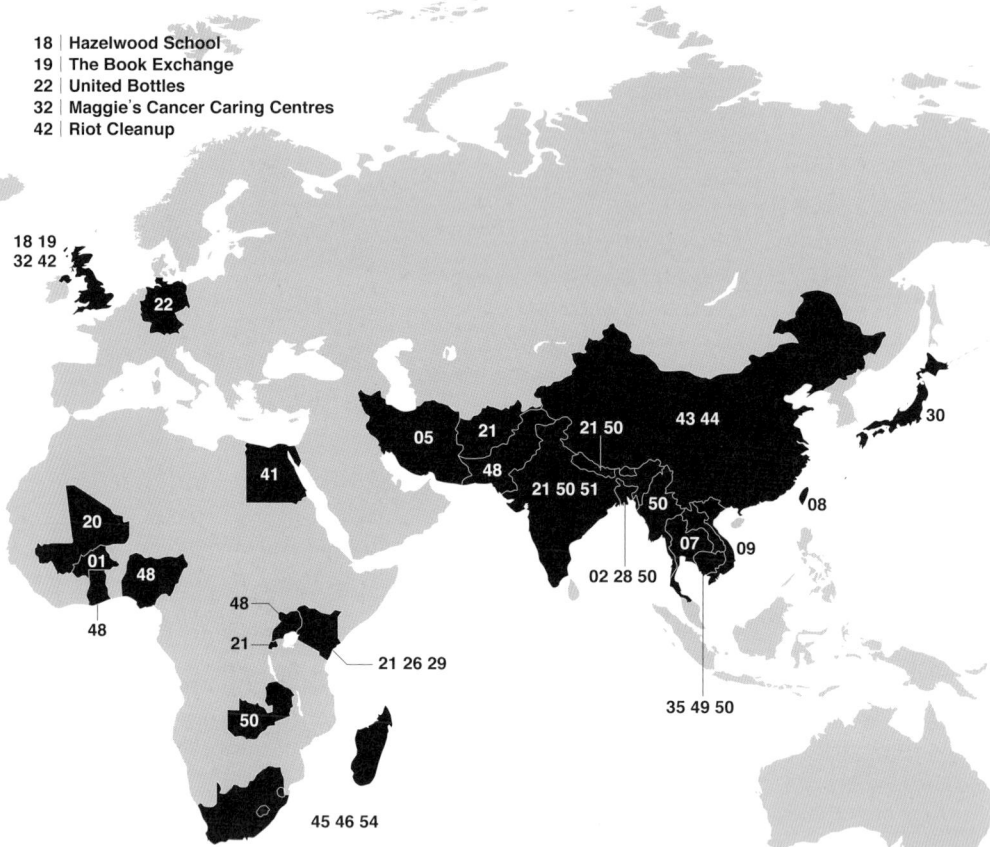

03 | Straw Bale Housing
04 | Katrina Furniture Project
06 | Quinta Monroy Housing
10 | Mason's Bend Community Centre
11 | Thomaston Farmer's Market
12 | Akron Boys & Girls Club
13 | Supershed and Pods
14 | Newbern Baseball Field
15 | Lucy House
16 | $20K House
17 | JESKI Social Campaign
21 | One Laptop per Child
23 | Street Books
24 | Plastiki
25 | Favela Painting Project
26 | Faces of Favelas
27 | Worldchanging
31 | Edible School yard
33 | Metro Cable
34 | Perry Lakes Park
36 | Esquela San Lucas
37 | Casa de Salud Malitizin
38 | Biblioteca Publica Municipal Juana de Asbaje
39 | Solar Kitchen
40 | Marsupial Bridge & Media Garden
47 | Mad housers Hut
52 | Mobile Migrant Worker Housing
53 | Rough Rider
54 | Q Drum

建

てながら学ぶ

建てながら学ぶ

地産レンガで つくる学校

Project　Gando Primary School

01

小学校の教室。風が抜け、天井に熱気がこもらないデザインのおかげで、夏でも涼しく学ぶことができる

西アフリカの国、ブルキナファソ。首都ワガドゥグーから南へ200km離れた場所に、人口3,000人のガンド村がある。この村の小学校の外観で特徴的なのは大きな屋根である。地元の職人が鉄筋をのこぎりで切断して溶接し、トラスを組み立てて鋼板の屋根を載せた。トラスの下には泥レンガを積んでつくった3つの教室が並び、その間には半屋内の空間がある。鋼板の屋根は教室内や廊下に影をつくり涼しく保つ。トラスは下部の教室と上部の屋根との間に空隙を生み、熱気を逃がす役割を果たしている。このトラス部分をジャングルジムにして遊ぶ子どもたちもいる。

建築家のディエベド・フランシス・ケレは1965年にこの村で生まれた。村には小学校がなく、両親は7歳のケレを13km離れた街の小学校に留学させた。村で初めての留学生である。13歳で小学校を卒業したケレは大工の見習いとして働き、20歳のときに奨学生としてドイツの木工技術学校へ留学。25歳からは夜間高校に通い、30歳でベルリン工科大学に進学した。

1998年、建築学科の大学生だったケレは、故郷の子どもたちが学ぶ小学校を建てたいと考えた。そこで、学生仲間を集めて非営利団体「ガンド小学校のレンガ」を設立した。多くの人の寄付によって300万円の資金を得たケレは、村に戻って人びとと小学校建設について話し合った。

村人たちは当初、ケレが持ち込んだ図面にがっかりしたという。ドイツで学んだケレが村に建てる小学校はかなりモダンなものだろうと誰もが期待したにもかかわらず、そのプランは泥レンガをみんなでつくって積み上げるという素朴なものだったからだ。ケレは、地元で調達できる材料

屋根を支えるトラス組みの作業

ケレは、地元の職人と住人が協力することでつくりあげることのできる学校を設計した

を使うことの大切さ、村人が自分たちの手でつくることができる工法の重要さを伝え続けた。自分たちで補修できるような材料と工法でなければ持続可能な学校にならない、と。

熱心な説得の甲斐あって、ほとんどすべての村人が学校づくりに協力した。ヨーロッパから持ち込まれたソーラーパネル以外は、すべて地元で入手可能な材料を使って村人たちがつくりあげた。女性はプロジェクトに必要な水を運び、両手にバケツを下げて7km以上歩くこともあった。男性は土を掘り、ふるいにかけてセメントと水を混ぜて泥レンガをつくった。子どもたちは石を運び、時には自分の体重よりも重い石を運んだ。役場は強度の高い泥レンガのつくり方を開発して村人たちに伝えた。こうしてできあがった小学校は昼間も涼しく、雨や風にも強かった。村人たちはこのとき初めてケレのデザインに納得したという。

300万円という限られた予算で小学校をつくるため、多くの村人に手伝ってもらうことになった。しかし、ケレは単に予算の問題だけで手伝いをお願いしたわけではない。自分の出身村にひとつの学校ができればいいと考えていたわけではなかったのである。学校づくりを通じて村人たちが建設の技術を習得し、他の学校建設に携われるようにすることが目的であり、それによって持続可能な教育を西アフリカへと広げていくことができると考えていたのである。「お腹を空かせた人に魚を与えるのではなく、魚の獲り方を教えるべきだ」ということわざどおり、ケレは学校づくりを学ぶために学校をつくったとも言えよう。

「伝統的なアフリカの集落では、各個人がコミュニティ全体の生活のために大切な役割を担っている。もしコミュニティを出て別の社会で生活しようとするなら、その人がいなくなった分だけコミュニティに何か

村人による屋根の設置

屋根下のトラスは地元の職人が鉄筋をのこぎりで切断して溶接しながらつくった

鋼板の屋根とレンガづくりの教室との間に、トラス構造の空隙が見える。
これによって熱気を外に逃がしている。大きな屋根は教室の周囲にも日陰をつくり出す

新校舎での授業風景。ガンド小学校が国際的な知名度を上げた結果、寄付金が集まって建設することができた。
新しい校舎はボールト天井で、ハイサイドライトによって室内に光を採り込んでいる

を補填しなければならない。僕はベルリンに出て学んだことを活かしてコミュニティに学校をつくり、学校づくりを通じて僕が学んだことをコミュニティに伝えたんだ」

こう語るケレは、学校建設に関わるすべての図面を村に残すとともに、CADデータをウェブにアップし、誰でも閲覧できるようにしている。材料も工法も地元で入手可能なものだけで設計された図面である。当然、周辺のいくつかの村でも同様の学校が建てられるようになった。役場は新たな小学校を建設する際、ガンド小学校の建設に携わった人たちを雇用して指導者とした。こうして学校建設に携わった人たちは、その技術を転用して自宅を補修したり、他の公共施設を建設したりしている。

2004年、39歳になったケレはベルリン工科大学を卒業し、そのまま建築学科の教員になった。この年、ガンド小学校のプロジェクトがイスラム世界の優れた建築物に贈られるアガ・カーン建築賞を受賞している。翌年、ケレはベルリンに自身の設計事務所を設立した。現在は所員9人とともに、アフリカ、中東、中国などで建築の実務に携わっている。

校内には農場があり、家畜も飼っている。生徒たちが栄養を補給するためだけでなく、野菜の栽培や家畜の世話を通じて子どもたちの責任感を醸成する効果がある。ほかの農家や市場との交流にも一役買っている(上)。
手前が新校舎で奥が最初の校舎。より多くの子どもが学校へ通えるようになった。今ではほかに教員住宅なども建てられている(下)

地域の工法と材料から生まれた手づくりの学校

Project **METI Handmade School**

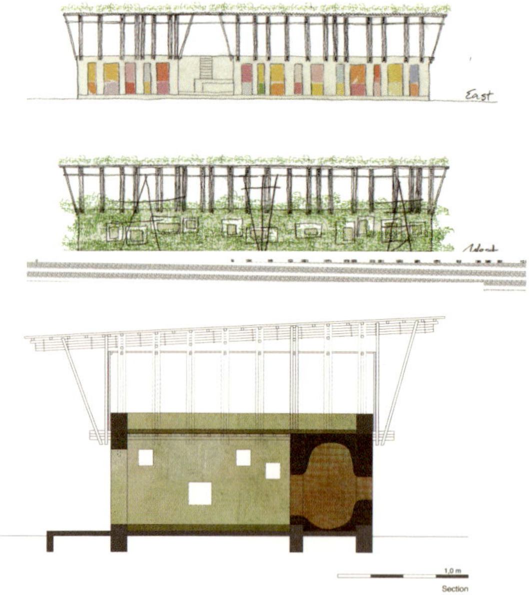

校舎の断面図。「コブの洞窟」が学校を特別な空間に変える

02

1、2階で素材の違う校舎。竹のフレームや色鮮やかなカーテンが楽しげな印象を与える

何度でも塗り直せる木戸には子どもたちが文字書きを練習した跡が残る

バングラデシュの北部にルドラプールという町がある。人口密度が高く、貧困層が多く集まる。この町のとある村にメティ・ハンドメイドスクールという小学校がある。地元住民が協力して建てた手づくり校舎である。「楽しみながら学ぶ」という教育方針のとおり、見るからに楽しそうなデザインだ。色とりどりの木戸やカーテンがにぎやかな出入り口。風通しのいい室内。竹壁の隙間から差し込む光。いろいろな高さに穿たれた窓。思い思いの時間が過ごせる洞窟のような部屋。遊び心に満ちた学校である。

デザイナーは1977年生まれの女性建築家アンナ・ヘリンガー。彼女は1997年から1年間、ディプシカというNGOのボランティアとしてルドラプールで働いたことがある。1,500世帯の村に派遣され、その地域の教育や健康、農業のあり方を改善する仕事に従事した。その後も年に数週間ずつルドラプールに通い、22歳からオーストリアのリンツ造形芸術大学の建築学科で学ぶことになる。

大学4年生のとき、アンナは3人の学生とともにルドラプールを訪ね、6ヵ月間のフィールドワークを行った。彼女たちは村中をまわって、建物のビルディングタイプ、工法、材料を地図にプロットした。その結果、住宅の壁が薄すぎること、基礎が粗すぎること、庇が機能していないことなどの問題点に気づいた。さらに、村唯一の収入源である農業のための土地が不足していることを発見した。その理由は土地利用に関する計画がなく、流入した人が次々と農地に住宅を建ててしまうためだった。「これは教育の問題だと思ったの」とアンナは言う。

大学院に進学したアンナは、修士設計としてこの村の子どもたちが現代的な教育を受けられるような学校をデザインすることにした。地図のプロットを参考にしながら、地元の工法や材料で建てられる学校を検討した。この修士設計をかつてボランティアで関わっていたNGOのスタッフに見せたところ、「METI（Modern Education and Training Institute）」と呼ばれる近代教育訓練研究プログラムを使って実現させようという話になった。アンナとNGOスタッフは資金調達に1年間走り回り、2005年から学校建設を始めることになった。

2階建ての学校は、1階に3つ、2階にふたつの教室を持つ。1階の壁は、泥と土と砂と藁を水で混ぜてつくる「コブ」と呼ばれる地元の材料からつくられた土壁である。コブは乾燥すると強度を増し、地域の気象条件にあった建物ができ上がる。2階は竹で壁をつくり、屋根には鋼材を使った。インテリアには明るい色の漆喰を塗り、光が教室の隅々にまで行きわたるように工夫してある。逆に建物の外側はコブの素材のままである。地面からの湿気を断ち切るために、基礎部分にはレンガとコンクリートを使っているが、それ以外は地元の素材だ。

屋根の庇は大きく張り出していて、モンスーン気候のスコールから壁を守る。室内には、洞窟のように湾曲した壁からなる場所がある。ここは子どもたちが隠れたり本を読んだりすることのできるスペースである。2階のふた部屋は階段によって隔たれているだけなので、ひとつの部屋としてつなげて利用できる。

建設にはドイツから技術者が手伝いにきた。リンツの学生も何人か参加した。しかし、その他はすべて村人たちが建設に携わった。学校建設の目的のひとつは、地元住民がコブを使った新しい建設技術を身に付けることだった。地元の工法や材料の使い方をアレンジした学校建設は、材料

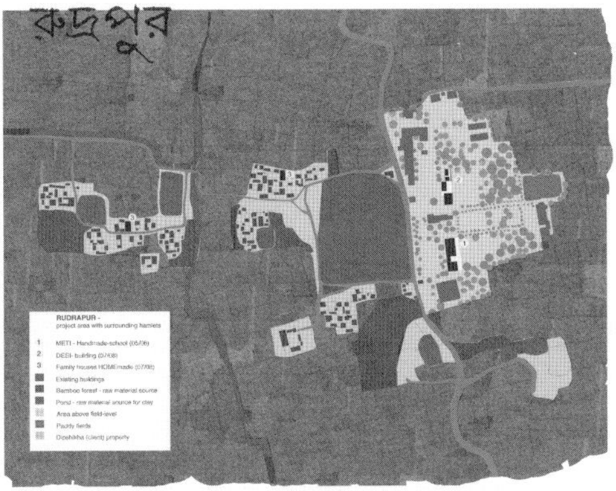

アンナが仲間たちとつくった村の調査マップ。後年、学校建設で役立つことになった

2階部分を覆う竹のフレームが全体にスマートな印象を与える

竹で構成された校舎の2階は教室の奥まで光が差し込む

コブで塗り固められた洞窟の空間では勉強もはかどる？

調達の時間や費用を圧縮できた。結果的に6ヵ月で学校が完成したのである。

村の建物はほとんどが平屋なので、この学校は村の中でも目立つ。「だからこそ建築のプロポーションには細心の注意を払ったの」。アンナのデザインはその後、教員住宅、学校の庭園、生涯学習の教室などに継承された。2階建ての住宅も村のなかに少しずつ建つようになってきた。

アンナは地元のコミュニティが何を望んでいるかをよく理解していた。学校建設に関わった地元住民は「どうすれば強い壁がつくれるのかがわかった」と語っているそうだ。夏に涼しく、風通しがよく、湿気が室内まで上がってこない住宅のつくり方を地域コミュニティが学ぶことが大切なのであり、また彼ら自身が学校のメンテナンスに関わり続けられることが重要なのである。ヨーロッパから来た女性建築家に、近代的な材料を使った学校を期待した人もいたという。しかし、今では村中の人がメティの学校を誇りに思っている。そして、同様の工法で自宅を改修したり建て替えたりする人が増えている。この学校で学んだ子どもたちは、いずれ母校と同じような住宅を建てることになるだろう。

メティ・ハンドメイドスクールも2007年に、「アガ・カーン賞」を受賞している。

光と風が抜ける、ひろびろとした2階の教室(上)。
学校建設を通じて住民たちが独自の工法や材料の使い方を体得したことで、村には新しい建物が増え始めた(下)

コミュニティを結束させる麦わら住宅

Project Straw Bale Housing

03

麦わらを積み上げ、壁に仕上げとなる漆喰を塗る作業の様子。建設作業は一貫して、ネイティブ・アメリカンとボランティアの協働で行われる

「麦わらでつくった家」と聞けば、『3匹の子ぶた』で最初に狼に吹き飛ばされた弱々しい家を想像するかもしれない。ところが、「ストローベイルハウス」と呼ばれる麦わら住宅はとても頑丈だ。「ストローベイル」とは乾燥させた麦わらを四角く圧縮したブロックのこと。これをレゴブロックのように積み上げてつくる。断熱性能もかなり高い。

飲み物を吸うストローはもともと「麦わら」を指す。ストローハットといえば麦わら帽子のことだ。麦わらは稲わらと違って断面が中空になっている。その昔、空気層を含む麦わらでつくった帽子が、頭部を熱射から守ることに気づいた人がいたわけだ。

それと同じように、住宅の壁に麦わらをすき込む方法は1,000年以上前から世界中で見られる。さらに、麦わらを保管用に四角く固めたブロックを使えば、より断熱効果の高い住宅が実現できる。麦わらのブロックだけを積み上げて壁をつくる、「ストローベイルハウス」がアメリカで誕生したのは約100年前。燃えやすい麦わらも、表面を漆喰で覆えば耐火性が担保される。

「ストローベイルハウス」を地域の住民と一緒に組み立てることでコミュニティの力をさらに高められると気づいたのがナサニエル・コラムである。自らの地域に必要な建築物を、麦わらや木材や漆喰など地域にある素材を使って、地域に住む人たちがつくりあげる。

アメリカ国内に住むネイティブ・アメリカンの暮らしを改善したいと考えていたコラムは、スポーツメーカーの協賛を得てネイティブ・アメリカンとともにアメリカの各地で麦わら住宅をつくっている。かつてインディアンと呼ばれた彼らのうち、約35万人が現在、家を持たないか貧しい家で生活しており、その半数は子どもである。

麦わらや木材、漆喰など、素材は地域で調達できるのが特徴

圧縮した麦わらを積み上げるシンプルな工法だが、丈夫で快適な住まいになる

ひとつのベッドルームで8人が寝ている家もあるという。政府が指定した地域に住めば少ないながらも補助金が手に入るので、自立しようとせずに劣悪な住宅で暮らし続ける者も多い。こうした人たちと力を合わせて麦わら住宅をつくることで、居住環境を改善するだけでなく、コミュニティの力を高め、自立した生活を促すのがコラムのプロジェクトである。

その建設プロセスは明快だ。まずは住宅の土台となる基礎をつくる。次にレゴを組み立てるように麦わらブロックを積み重ねて壁をつくる。各ブロックを安定させるためには麦わらをしっかり圧縮させる必要がある。これには農場や牧場で使われてきたベイル機を活用する。壁には漆喰を塗って麦わらを隠す。最後に屋根をかけて完成である。

建設用の敷地は、地域における水の流れや植生パターンなどを分析して決める。住宅の基礎には、石炭精製の副産物であるフライアッシュセメントを使うことで、ポルトランドセメントの使用量を削減している。壁には、農業の副産物である麦わらと漆喰を使っており、人体に無害であるばかりでなく、断熱性能に優れており、住宅の寿命も長い。その他、とうもろこしの皮でつくったカーペットやひまわりの種の殻を圧縮してつくったパーティションなども多用しており、コラムはこうした農業副産物を使った建築のことを「アグリテクチャー（agri-tecture）」と呼んでいる。

できるだけ少ない財源で多くの住宅をつくるため、ボランティアと地域住民とが協力して作業する。基礎づくりから屋根を架けるまでは約3週間。デザインから施工まで地域住民がかかわるため、住宅づくりに関するノウハウやスキルがコミュニティに伝授される。また、作業中に

ストローベイルハウスは、多くの人が協力しあって建てられる。地域住民は家づくりのノウハウを学び、ボランティアは彼らとの協働を通じてネイティブ・アメリカンの歴史や生活の理解を深める

全員の息を合わせての屋根の組み上げ作業

棟上げ後の様子

基礎づくりから屋根を架けるまで、建設期間はわずか3週間ほど。短い期間で家づくりのノウハウをコミュニティに伝授する

ボランティアが地元の料理や踊りなどを学ぶことでネイティブ・アメリカンに対する理解が深まる。

2005年につくったホピ族の住宅は、ふたつのベッドルームを持つ家を350万円で仕上げた。同じ年にタートルマウンテン地域でモデル住宅を建設した際には、自然エネルギー利用や雨水貯留、バリアフリー、農業副産物利用など、さまざまな技術がコミュニティに移植された。翌年取り組んだナバホ族の住宅の建設作業ではほかの部族との協働がみられ、コミュニティ間のネットワークを構築することに寄与した。いずれも1,000人を超える人たちが住宅を必要としている地域である。

コラムは、こうした地域に入り、対話や共同作業を通して住民との信頼関係を築き、コミュニティの人びとと一緒に3週間でモデルとなる「麦わら住宅」を建てる。専門家の関与は常に最小限とし、モデルが完成した後は、力をつけたコミュニティが自分たちで住宅を増やし続けられるよう配慮している。

材料はその土地にある。人もその土地にいる。コラムが提供しているのは、「麦わら住宅をつくる技術」と「人びとが結束するきっかけ」だけなのだろう。

漆喰を塗ることで麦わら壁の断熱性能がより高まる

ストローベイルハウスの建設は安価でありながら、農業副産物の再利用やバリアフリー、雨水貯留といったさまざまな技術が用いられている。専門家の関与は最低限にとどめ、コミュニティが独自に建設できるよう配慮するのもプロジェクトのミッション

建てながら学ぶ

台風廃材の
リサイクル家具

Project　**Katrina Furniture Project**

04

19世紀の糸杉等は、表面を削ぎ落とすと美しい木目が出現する

糸杉の木目を生かした丈夫なテーブル

カトリーナ家具プロジェクトで作られた長椅子。材料はハリケーンによって発生した倒壊住宅の廃材

2005年8月、アメリカ南東部を大型のハリケーン「カトリーナ」が襲った。死者1,800名以上の甚大な被害をもたらした未曾有の災害。被災地のニューオーリンズでは、復興に向けて様々なプロジェクトが立ち上がった。「カトリーナ家具プロジェクト」もそのひとつである。

カトリーナ家具プロジェクトは、ハリケーンによって倒壊した家屋の廃材などをリサイクルして家具をつくる取組みで、つくるのは被災した地元住民。家具のデザインは3種類。ひとつ目は被災した900以上の教会で使うための長椅子。ふたつ目は被災した家族の団らんのためのテーブル。3つ目は販売用のスツール。いずれも糸杉に代表される地元産の木材の美しさと特性を生かしたデザインである。

まずは、プロジェクトの拠点として地域に家具工房がつくられる。その場所は、プロジェクトを誘致したいと思っている地域の人が工場跡地などを提供することが多い。一方、プロジェクト側は協力者を募り、その跡地を家具工房へと改修する。協力者は被災した地域住民と大学生、NPO。彼らは家具工房づくりを通じて、木材の扱いに慣れ、大工仕事に必要なチームの結束力を高める。

家具の材料は、別のNPOがハリケーンで生じた廃材を集めて工房に運び込む。被害を受けた建物を解体し、木材を回収して工房へ持ち込むのである。

こうして手に入れた材料を使って家具づくりが始まる。工房には、家と仕事を失った地域住民が集まり、3種類の家具のつくり方について講習を受ける。また、流通や販売についての基本的な知識を学ぶ。こうしたワークショップを通じて木工のスキルを得た地域住民たちは、工房の設備や道具を使って自分の家を再建したり、近隣の建物の再建を手伝ったりするように

災害後にいち早く廃材を集めたのはNPO法人リ・ビルディングセンター。カトリーナ家具プロジェクトは現地に家具工場を設置し、地域住民とともに廃材から家具をつくり出した。形状や厚みの違う廃材を加工してつくる家具のデザインは、多くの専門家が集まって検討されたもの

家具づくりを通して工具の使い方を学んだり、共同作業ができるチームを構築したりする

なる。廃材を活用したユニークな住宅もこのプロジェクトから誕生している。

家具工房は地域住民の職場として、様々な家具をつくり出す場所となった。さらに、住民が自宅を再建する際の資料や資材を入手するための場所となり、廃材からつくられた家具を販売する拠点となり、家具づくりや大工仕事を学ぶための学校となり、地域住民が集まって話をするコミュニティセンターとなった。

この取組みを率いたのが、建築家のセルジオ・パレローニである。1980年代に大学を卒業したパレローニは、すぐに建築家としてニカラグア大震災の復興に関わり、1985年からはメキシコ大震災の復興に関わった。そして1995年にサステナブル建築の研究機関「ベーシック・イニシアティブ」を仲間と共同設立し、災害を含む社会的な課題を解決するための持続可能なデザインを模索している。

ベーシック・イニシアティブは、学生、NPO、専門家が協力してプロジェクトに関わるためのプラットフォームである。カトリーナ家具プロジェクトで使われた家具のデザインは、このプラットフォームで学生やデザイナーが検討したものだ。廃材を使った住宅のデザインもここに参加した学生たちのアイデアが元になっている。家具づくりをビジネスにするためのプランニングは、プラットフォームに参加する大学のビジネススクールや地元の銀行などが立案し、プロジェクト全体のブランディングはグラフィックデザイン事務所が協力

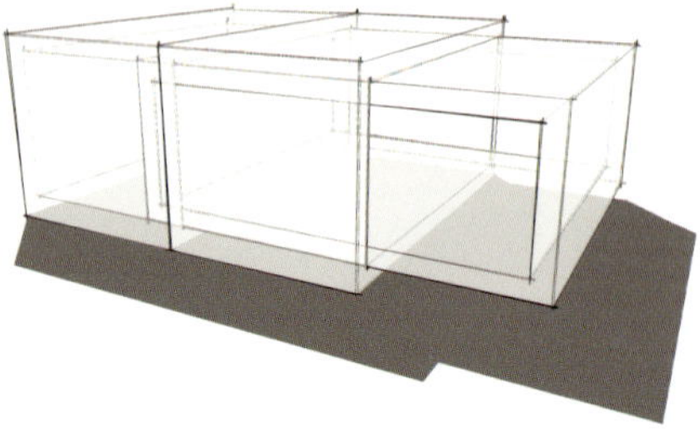

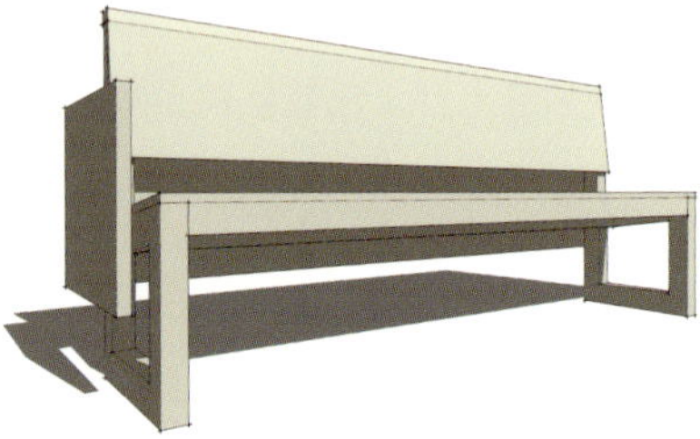

完成した家具。廃材だけでなく新しい材料も組み合わせて家具をつくる

廃材を使った家具づくりを経験した地域住民は、さらに大きなものづくりに携わるべく、廃材を使った小屋づくりを体験する。家具だけでなく小屋をつくれるようになると、復興住宅の建設に関わることができるだけの技術を手に入れられ、仕事を得ることができる

している。

「災害が起きた後、クライアントである生活者からじっくり話を聞くことはとても重要なことだ。そこからしかプロジェクトは組み立てられない」とパレローニは言う。この徹底した現場主義は学生たちにも伝わっている。ベーシックイニシアティブに参加する学生たちは、必ず現地に長く滞在して、その場所のフィールドワークや地元住民への徹底的なヒアリングを通じて持続可能なデザインのあり方を模索する。カトリーナ家具プロジェクトも同じだ。外部からやってきた学生たちが、一方的に家具を提供したり住宅の修復を手伝ったりするだけでは、地域に経験やノウハウが蓄積しなかっただろう。単に廃材を使った家具をつくったり住宅をつくったりすることが目的なのではなく、そのプロセスを通じて地域に仕事を生み出し、地域の復興段階に活躍する人材を生み出すことが重要なのである。

「私が大学を卒業してすぐに体験した、災害の復興プロセスで学んだことを学生たちに伝えたい」。パレローニは、これまでとは違うタイプの建築家を育てたいと考えている。「図書館や美術館を設計するのもいいが、その建築的なアイデアをもっとほかのことに生かす建築家がいてもいいはずだ。世界には持続可能なデザインを必要としている人たちがたくさんいる。そういう場所でこそ、デザインは正当な影響力を持ちえるはずだ」

東北地方を襲った巨大地震の復興プロセスにも、持続可能な仕組みを伴ったデザインが登場することを願う。

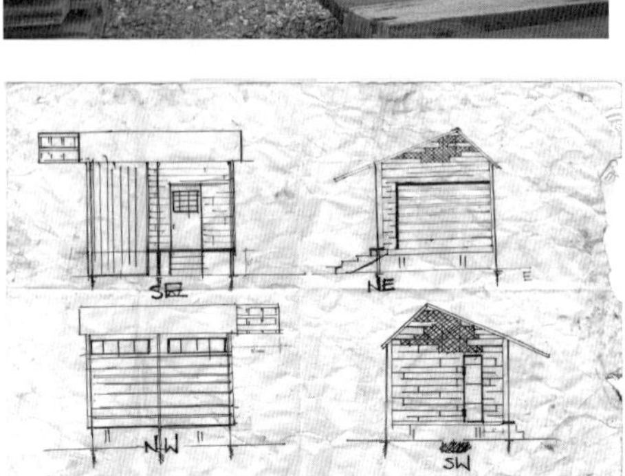

家具づくりや小屋づくりを通して手に入れた技術とチームワークを生かして、復興住宅の建設を担う地域住民と大学生

建てながら学ぶ

土のうでつくる涼しい仮設住宅

Project　Super Adobe

05

細長い土のう袋に土を詰め、トグロ状に巻き上げてつくるエコドーム

人間はこれまで、木や石や土を使って住宅をつくってきた。なかでも土は、世界中のどこにでも存在する建設材料である。適切な木や石がない土地でも、土だけは手に入る。月にだって土は存在する。このどこにでもある材料にこだわって住まいを考えてきたのが、イラン系アメリカ人の建築家、ネーダー・ハリーリである。

彼は、ネイティブアメリカンが住居をつくる際に用いていたアドビという伝統的な素材に着目した。アドビとは、砂や粘土、わらなどを混ぜ合わせ、型枠で成形し、日干しにして固めたレンガのことである。この日干しレンガは、空気中の熱気をゆっくりと吸収するため、室内が涼しく保たれるのが特徴だ。熱帯地域の住宅に適した素材と言えよう。

最初に試みたのは、土から生まれたアドビの建築物をさらに強固なものにすることだった。彼はアドビを積み上げた住居を陶芸の窯に見立て、その内部で三日三晩火を燃やし続けた。するとアドビは岩のように硬くなり、防水性も高まることがわかった。いわば“セラミック建築”をつくったのである。1975年ごろのことだ。

この建築はその後さらに改良が重ねられ、セラミックレンガによる「ルーミードーム」というシェルターシリー

土を掘ってシェルターの外形をつくり、土のう袋を巻き上げながらシェルターをつくる。土のう袋の間に有刺鉄線を挟むことによって構造を安定させている

ズとなった。ルーミーとは、ハリーリが尊敬する13世紀のペルシャの詩人の名前だ。ルーミーは「賢人の手にかかれば土も黄金の価値を持つ」という言葉を遺している。

ハリーリの研究は月の土を使って住居を建てる方法にも発展した。1984年、この研究結果にNASAが注目し、ハリーリはNASAとともに月のシェルターを検討することになる。ここで彼は土を詰め込んだ土のう袋を積み上げてつくるシェルター「エコドーム」を考案する。ただし、50×80cmの通常の四角い土のうでは自由な空間形態を生み出すことができない。そこでハリーリは長いチューブ状の土のう袋をつくり、これに現地の土を詰めながら巻き上げていくことで、ドーム状のシェルターをつくり出すことに成功した。チューブ土のうの自重、摩擦、採光などを考慮し、ドームやアーチ、ヴォールトなどの構造を組み合わせながらシェルターをつくったのである。トグロ状のチューブ土のうは各所を鉄線で固定してあり、構造は極めて安定している。シェルターの内部にも外部にも土を塗ることで、外観もインテリアも美しく土着的な佇まいを醸し出す。土のう袋は年月が経つと溶けて土と一体化するため環境への負荷も少ない。

1993年、国連はイラン・イラク戦争の難民キャンプのデザインをハリーリに依頼した。イランの国境付近に建設される難民キャンプで、避難してきたイラク人を収容するためのものである。現地は草も疎らな砂漠地帯。ハリーリは避難民とともに大地に穴を掘り、その土を土のう袋に詰め込んで合計15軒のシェルターをつくった。チューブ土のうを固定する鉄線には、戦場で入手可能な有刺鉄線を使った。6人の大人がわずか6日間で建てられ、1軒につき総額6万円ほど。

外壁に現地の土を塗ると、大地から生えてきたような姿になる

明るい室内。土のう袋の長さを調整することで、天窓から採光を得られている

複数のスーパーアドビで集落のような風景を生み出す

焼き上げた日干しレンガを使ったルーミードーム

砂漠地帯に涼しく過ごせる小さな村が誕生した。

「ルーミードーム」や「エコドーム」は、構造上の強度を何度もテストし、カリフォルニア州の検査を通っている。これら一連の土のシェルターをハリーリは「スーパーアドビ」と名づけ、戦争や自然災害などから逃れた人たちや都市部のホームレスたちのための住宅として提供している。

ハリーリは言う。「地球上で伐採される樹木の65%以上は建築用資材となる。これらを使わなくてもいいシステムを生み出せば、環境問題や資源問題に貢献できる。世界の平和を手助けできるだろう」。

ハリーリの提唱するスーパーアドビは、いずれも土を主な材料とした建築物である。住居のサイズを決め、大地に穴を掘り、その土でシェルターをつくる。それを焼くとセラミック建築であるルーミードームとなり、細長い土のう袋に詰めてトグロ状に巻き上げればエコドームになる。まさに「大地の建築（Earth Architecture）」である。

ハリーリは2008年に亡くなったが、彼が1991年に設立したカルアース研究所では現在も大地の建築に関する研究が続けられている。同時に、多くのワークショップを実施し、世界中の建築家に大地の建築に関する技術を提供している。また、研究所に蓄積されたさまざまなノウハウを世界中の大学に伝える遠隔教育にも力を入れている。

インターネットで動画が配信できる昨今では、戦争や災害が起きた地域で活動する建築家たちにもスーパーアドビのつくり方が広まりつつある。環境、資源、エネルギー、難民など、建築家がさまざまな社会問題と向きあう時代が訪れている。

光が漏れる夜のルーミードームは幻想的な佇まいを醸し出す

建てながら学ぶ

みんなで増築する公営住宅

Project　**Quinta Monroy Housing**

06

建設ワークショップで住民が描いたスケッチ

鮮やかな配色が目を引く増築部分。色や形のルールに基づいて景観の統一が図られている

チリ北部の砂漠地帯にある人口20万人の町、イキケ。その中心部に5,000m^2のスラムがある。30年前から徐々に不法占拠が始まり、約100世帯が密集した住居群のなかで生活していた。違法に増築し続けた部屋の約6割は自然光が届かず、風は抜けない。人の目も届かない場で麻薬の密売さえ行われていた。

こうした環境を改善させるために、公営住宅が完成したのは2004年のこと。5,000m^2の敷地には4つの中庭が配され、各住宅は中庭に向けて出入り口を設けている。日常生活のなかで、人びとが出会い、会話することが意図された住棟配置だ。

それまでチリ政府は、スラムを改善するための地区改善プログラムを用意してきたものの、うまく機能していなかった。不法占拠している人たちにローンを組ませて、郊外につくった公営住宅を買い取らせるというのが大まかなスキームだが、居住者たちはそれまで従事していた仕事を失い、コミュニティも分断されるため、郊外に移ってからは働かず、酒に溺れ、ローンを滞納する人々が後を絶たなかったのである。そもそも1戸あたり120万円の建設費は、彼らに払いきれないのは明らかだった。政府としても、郊外に公営住宅をつくったことで、交通や教育や医療に関する施設に莫大な費用がかかっていた。

そこで、2002年からは新しい地区改善計画を実行することになった。

計画前のスラムの状態。100世帯あまりが違法に増築していた

住民たちとのワークショップの様子。子どもたちも参加して、スケッチや模型で対話を重ねながら計画がまとめられていった

建設風景。ハーフメイド(＝半分だけ建てる)のアイデアがローコストで短工期の供給を可能にした

スラムの住民を郊外へ移住させるのではなく、同じ場所に公営住宅を建てるのだ。そうすれば従来どおりの仕事を続け、コミュニティが助け合って生活することができる。住宅の予算もローンで払いきれる75万円とした。

問題は地価の高い都心部であることだ。予算には住宅の建設費のみならず、土地代とインフラの整備費用も含まれている。当然、公営住宅は構造的に安定したものでなければならず、採光や通風も考慮されなければならない。それらのコストを勘案すると、1戸あたりの敷地面積は$30m^2$が上限だということがわかった。

こうした制限が課せられた公営住宅を設計したのは、首都サンティアゴで活動する建築家アレハンドロ・アラヴェナである。1994年に事務所を設立し、2000年から5年間はハーバード大学にて教鞭を執った。そのころ、彼は低所得者層のための住宅に興味を持ち始めたという。自国のスラム問題を解決するための住宅設計は絶好のチャンスだった。

アラヴェナはまず、スラムの住民たちを集めてワークショップを行った。最初に今回の制限を伝え、彼らの生

家族が協力し合う増築工事

入居前の様子

入居後、住民たちはすぐに増築に着手し、入居開始の半年後にはほぼすべての増築スペースが埋まったという

活について徹底的に聞き出し、複数の設計案を出して住民自身に選んでもらうということを何度も繰り返した。その結果、「ハーフメイド」の住宅というアイデアへと行き着いた。30m^{2}の敷地に半分だけRC造の住戸をつくり、残りの半分は彼らが必要に応じて増築できるデザインである。

1階と2階部分をずらしてつくることによって、増築部分が構造的に安定するよう配慮した。垂直に部屋を配置することによって、狭い敷地でもクイーンサイズのベッドが置ける部屋、独立したキッチン、バスタブ付きの浴室などを入れられた。半分だけつくることで工期が短くなり、住民が一時的に生活していた仮設住宅からすぐに戻ってくることができた。

アラヴェナは言う。「戻った家族は、住宅の内装を自らつくりながら、増築部分の住宅のあり方について話し合うことができる。核家族はそのまま使い、大家族はみんなで力を合わせて増築することになるだろう」。こうすることで、初期費用も当初の半分に抑えることができる。

秀逸なのは、ワークショップのなかで増築部分の色や形についてルールをつくったことである。「これによって、各住戸の個性を出しつつ、全体としては統一した景観をつくり出すことができている」。住民たちは構造的に安全な増築の方法に関するレクチャーも受けており、中庭を囲むコミュニティが協力しながらそれぞれの増築を進めている。

通常、建設費のなかで構造体が占める割合は3割程度とされる。しかし、仕上げや設備を最小限に抑えたこの住宅の場合、コストの8割を構造体が占める。そこから住民の手で内装がつくられ、増築され、完成する。その間に人々は協力し合い、コミュニティを育むことになるのだろ

インテリアも増築部分も生活スタイルに合わせたこだわりの空間づくりがなされている

う。2004年に入居が始まり、半年後にはほとんどの住戸が増築されていたという。

この住宅は、専門家がつくって住民に供給するトップダウン方式と、住民が入居後に増築して新しい風景をつくっていくボトムアップ方式をうまくバランスさせたものだといえよう。現行の法制度の枠組み内でできるプロジェクトだったこともあり、チリ国内では同様の公営住宅が各地でつくられることになった。さらに、ブラッド・ピット創設の財団がハリケーン「カトリーナ」の復興時に採用した住宅もこの方式を踏襲している。アラヴェナの“発明”は国境を越えてさまざまな人びとの生活に影響を与えている。

公道に面したファサード。居住者は愛着をもって建物をカスタマイズしている

みんなで学べる地域密着型フリースクール

07 Project Mechai Pattana School

偉い人というのは、どの国にもいるものだ。タイにも偉人がたくさんいる。とりわけ、現代の偉人として注目したいのがメチャイ・ヴィラバイジャだ。メチャイは元政治家であり、現在は市民活動家として広く知られている。

メチャイは、政治家だったころから長年、地方の貧しい家庭の生活向上をめざす活動を続けている。タイでは、急激な経済成長によって都市化が進むとともに、貧富の差が激しくなっている。なかでも中山間離島地域に住む家族は、あいかわらず働き手とするために子どもをたくさん産み、勉強の時間を割いて農作業などを手伝わせている。

こうした事態を打開するために、農業の近代化と計画出産の周知が必要だった。そこで、メチャイは計画出産の必要性を訴え、コンドームの使用を呼びかけた。その結果、タイの1家庭あたりの平均的な子どもの数が7人から1.5人に減少したと言われている。

こうした業績が認められ、1985年から1986年に経済産業省の事務次官、1987年から1992年には国会議員を務めることになる。とくに1991年から1992年には総理府の大臣を務め、観光、情報、AIDSに関する大規模な教育キャンペーンを展開して成功をおさめた。その後、1996年から2006年にも再び国会議員として活躍した。

一方でメチャイは、活動家として草の根プロジェクトにも多く関わっている。1973年に彼が設立したNPO法人「Population and Community Development Association（PDA）」は国内最大規模のNPOへと成長し、現在では600人のスタッフと1万2000人のボランティアが所属している。こうしたNPOでの経験を活かし、2008年からは自身の財団の事業として学校の建設と運営を実施しているのである。

前述したとおり、中山間離島地域の子どもたちは、学校へ行く時間を割いて農作業の手伝いをしていることが多い。学校へ通えたとしても、いわゆる「読み書きそろばん」を教わることしかできず、創造力を高めたり新たなアイデアを生み出したりするための教育は軽視されている。幅広い才能が求められる現代社会において、国の将来を支えることになる子どもたちが受けている授業に疑問を持ったメチャイは、自身が設立した財団を通じて学校建設に取り組むようになる。

メチャイが新しい学校に込めた想いは3点だ。1. 地方の子どもたちに、自ら分析し、創造する力を身につけてもらいたい。2. 地方の文化や環境と最新のテクノロジーを組み合わせ、子どもたちが楽しく学ぶことで彼らの可能性を高めたい。3. 子どもたちの個性を尊重しつつ、地域の伝統を重んじるとともにモラルを身につけた「よき市民」として育てたい。こうした3つの想いを実現する学校として建設されたのが、メチャイ・パッターナ・スクールである。

建築の設計はシンガポールの建築家、テイ・ケン・スン（アキテク・テンガラ）が担当。校舎には地域で採れる竹が多用されており、材料の輸送エネルギーを軽減している。竹には自然素材による塗装が施されており、80年間はそのままの状態を保つよう工夫されている。教室棟の周りには多くの樹木が植えられたり、人工的な池が配置されたりしており、教室に吹き込む風は涼しく快適な室内環境を生み出してくれる。上空から見ると、学校の敷地を埋め尽くす樹木と水面の中にカラフルな教室棟の屋根が点在していることが分かる。敷地内には、小学校と中学校のほかに、デザイン＋環境変動センター、慈善活動学校、ITセンター、メディアスタジオ、そして直径30mの竹ドームが配置されている。

ここでの教育は、タイの公立学校で行われている暗記法とは違い、プロジェクトベースの学習法が重視されている。子どもたちは、自分が興味を持ったプロジェクトを選択して参加する。例えば、地域の高齢者や障がい者、HIV感染者などの生活を観察し、よりよい生活を実現するための改善策を提案するプロジェクトがある。なかには、課題解決の手法として実際にソーシャルビジネスを起こすプロジェクトチームもあり、その利益の一部は生徒の奨学金として使われている。敷地内の農地では園芸や農業に関わるプロジェクトが進められており、そこで考案された新しい技術を学校周辺のコミュニティに伝えることによって地域の農業に貢献している。

教員は生徒から報告されるプロジェクトの進捗に対して適切なアドバイスを行う。プロジェクトに参加する子どもたちを集めたチームビルディングもしっかり行われ、協働して問題を解決するための素地をつくっている。中学生からは料理や芸術、パソコンなどの授業を選択することになっており、これによって子どもたちの創造性をさらに刺激することをめざしている。また、教科書とともにインターネットも積極的に用い、子どもたちが自ら多くの情報にアクセスできるよう工夫されている。

中学校の最終年度には生徒全員が東海岸のパタヤに留学することになっている。メチャイ財団に多額の寄付をしている「バーズ＆ビーズ・リゾート」の敷地内に建てられた留学用の校舎は、本校と同じく竹でつくられている。リゾート施設内にある留学先で、生徒たちは通常授業に加えて接客業や再生可能エネルギー、水資源のマネジメント、海事、ビジネススキルなどを学ぶ。さらに周辺地域をフィールドワークするなど、本校とは違う地域文化を学ぶ機会も設けられている。

こうした革新的な学習プロセスを通じ、子どもた

ちは限られた資源を用いて複雑な問題を解決する能力を身につける。メチャイスクールのカリキュラムは独自ではあるものの、すべて国の教育基準を満たす内容になっているのも特徴的だ。この学習法は国内で高い評価を受け、文部科学省や国際機関からさまざまな賞を授与されている。

ほかにも独自のシステムがある。貧困層や農家出身の子どもたちはほとんど学費が払えないため、ひとりあたり約20万円かかる学校の運営費は、国や大企業などのスポンサーによって賄われている。したがって学費は発生しないが、その対価として生徒と保護者には365本の樹木を受けることと、365時間のコミュニティサービスを行うことが義務づけられている。つまり、学校を運営するうえで必要なハードとソフトの両面に協力することによって、子どもに教育を受けさせることができるという仕組みである。

中学受験に厳しい基準はなく、在校生で構成される協議会が入学を希望する子どもたちを面接する。経済的、社会的背景がどうであれ、在校生とうまくやっていけそうな子どもであれば誰でも入学できるというのである。生徒の自主性も重んじられており、生徒は自ら教員を選択したり評価したりできるほか、制服も自分たちでデザインしている。

農家出身の生徒が多いことから、田植えや刈り入れの時期は学校が休みになる。さらに、授業は木曜日から月曜日まで行われ、火曜日と水曜日が休みになっている。これによって地域の人びとが週末に学校を訪れたり、教鞭をとったりすることができるようになっている。

学校は地域の生涯学習センターとしても利用されている。地域の大人たちが農業やビジネスなど、さまざまな学びの機会を提供している。学校に通う子どもたちの家族を対象としたマイクロクレジットも用意されており、家族の仕事における経済的な支援も行っている。さらに、国内各地から教員が集まる研修所としても機能している。従来の暗記法ではない独自の学習法を身につける場として多くの教員を育てているのも特徴で、同時に世界各国のインターナショナルスクールとのネットワークを有していることで、各国からボランティア教員が学校を訪れて子どもたちに多様な刺激を与えている。

こうした理想的な教育環境で育った子どもたちは、将来の夢として「学校の先生」を挙げることが多いという。

軽くて強い
古紙レンガの教室

08 Project Wastepaper School

筆者が台湾で講演した際、地元の人から何度も勧められた食べ物がビンロウジだった。緑色の木の実で、噛みタバコのように口の中で噛んでいると軽い覚醒作用があるらしい。口に入れて何度か噛んだものの、その味に耐えられなくなってすぐに口から出してしまった。緑色の木の実からは想像できないほど黒い汁が出てきていた。ビンロウジを日常的に噛んでいる人はすぐ分かる。歯が黒くなっているからだ。

そんなビンロウジの広大な畑が広がるピントンという町に、英語教師としてジョン・ラモリーと妻のシェリー・ウーが移住した。1999年のことだ。ラモリーはカナダ生まれのニュージーランド育ち。

ニュージーランドでは建築検査官として仕事をしていたが、台湾に移り住んでからは英語学校を経営していた。また、仕事の傍ら大工仕事やステンドグラスづくりなどを行っており、これまでに5軒の木造住宅を建てていた。

彼らが台湾に移住して10年が経ったころ、アメリカから訪れた友人と話をしているうちにラモリーは「紙の家」を思いついた。古紙を溶かして紙のレンガをつくり、それを積み上げげて家をつくるという構想だ。さっそくインターネットで情報を集めた。紙で家を建てる方法を調べ、建築検査官だった経験を活かし、何度も試行錯誤を繰り返して古紙を建築資材へと生まれ変わらせた。

ラモリーがたどり着いた古紙レンガの原料は「ペーパークリート」と呼ばれる。コンクリートの紙バージョンだ。セルロース繊維とポルトランドセメントと粘土と土砂と水を混ぜてつくる。セルロース繊維は、古新聞や雑誌や使い古しのチケットや電話帳などを水で溶かして取り出すことが多い。できあがったペーパークリートはドロドロとしており、型に入れて日光で乾かすと固いレンガになる。アドビに似たつくり方だ。表面に凹凸ができることで、表面積が増して断熱性能が上がるとともに、レンガ同士を接着しやすくなる。あまり知られていないが、実は高性能な建築材料なのである。

ペーパークリートは古くからあり、アメリカ人によって開発されたと言われている。1928年に特許が取られた後、1980年代に注目されることになった。レンガづくりや建築の施工に労力がかかるものの、断熱性能は高く、安価で強度も保持している。ところが2007年までは建築資材として承認されていなかったため、限られた用途にしか用いられていなかった。その後、模型による構造実験によって強度が実証され、住宅や商業施設で利用されることになった。

こうした情報を得たラモリーは、仕事の合間などを見つけてペーパークリートのレンガをつくり、約1年かけて自宅兼英語学校をつくった。もちろん、すべて手づくりだ。ペーパークリートをつくるための機械も手づくり。トラックの荷台に容量500リットルの大きなバケツを取り付け、その中に草刈機の刃を設置。バケツの中にペーパークリートの材料を入れて刃を回転させることで混合するという仕組みだ。回転のための動力は自動車の駆動機。アクセルを踏むとバケツ内の刃が回転して巨大なミキサーと化す。

混合が終わると、ペーパークリートを15cm×15cm×40cmの直方体の型枠に入れ、数週間から数ヵ月間にわたって乾燥させる。このレンガ、型枠に入れたときは5kgほどの重さなのだが、乾燥すると1kgになるため持ち運びしやすい。

ラモリーは、住宅兼英語学校を建てるのに1,000kg以上の古新聞を使った。この大半は英語学校の教え子たちが集めたものだ。地元のお店で使える「ごほうびカード」と子どもたちが集めてきた古新聞とを交換したのである。

ペーパークリートのレンガを積むことで15cm厚の壁がつくられた。壁だけでなく、柱や梁もペーパークリートのレンガによってつくられている。このレンガはノコギリで簡単に切断できるため、必要な場所に使えるよう整形しやすいという特徴を持っている。また、ペーパークリートにホウ酸などを加えることによって防火性能を高めている。外壁にはシリコンペイントを施して耐水性能を高めている。防音や断熱効果も高い。

コンクリート製やスチール製の棒がレンガの中に配筋されていることもあり、台風や地震にも耐えるだけの強度を保っている。ラモリーの建築は、2009年に死者120名以上を出した台風8号の際にも持ちこたえたという。

英語学校は16人の子どもが学べる広さである。光が室内に差し込むよう、効果的にステンドグラスが配置されている。古紙からつくられたレンガの空間が、色とりどりの光に包まれる光景はなんとも美しい。ところがラモリーはまだ満足していない。次は古紙のレンガを使ってパビリオンをつくろうとしている。さらに、ピザをつくるレストランの建設も計画中だ。

地域の住民が新聞を読む限り、毎日古新聞が生まれる。長い間廃棄され続けた古紙という資源を使って建築する喜びを知ったラモリーの古紙レンガ建築は、きっとこれからも増え続けることだろう。

ローコストで快適な竹の小学校

09 | Project
Bamboo Primary School

日本のNPO法は1998年に制定された。1995年の阪神・淡路大震災でボランティアが活躍したことを受けて、NPOに関する法律の整備が加速したといわれている。一方、フランスのNPO法は1901年に誕生している。いわゆる「アソシエーション法」だ。フランスではNPOのことをアソシエーションと呼ぶ。任意団体、登録された団体、公益性を認められた登録団体など、NPOといえどもいくつかの種類があるのは日本と同じだ。こうした概念が100年近く前から法的に認められていたことに驚く。そんなアソシエーションのひとつにレコール・ソバージュ（L'ecole Sauvage）がある。1994年に設立されたパリの人道支援団体だ。おもな事業内容は、ベトナムの子どもたちの就学支援と文化レベルの向上である。その事業の一環として、ベトナムに学校が建てられることになった。

小学校の建設予定地はルオン・ソン村。小学校がなかった村の子どもたちに教育を受ける機会を送出するために、レコール・ソバージュと建築家が協力してプロジェクトを進めた。協働した建築家は、パリの設計事務所「ザ・スカイ・イズ・ビューティフル・アーキテクチュア」のグエン・チー・タムだ。タム氏はベトナム出身の建築家であり、2000年にプロジェクトが始まるとすぐに、コンセプトを立案して資金集めに走り回った。2002年には集まった資金と建築計画をベトナムの文部科学省へ持ち込み、学校を建設する用地を提供するよう求めたのである。

提案に応じた文部科学省から示された敷地は海岸沿いの集落に位置していた。電車の線路と

小さな河川に挟まれた敷地で、海岸線から800mという距離にある場所だった。当時のベトナムでは、すでにコンクリートやガラスを使った建築が主流だったが、このプロジェクトでは地域で豊富に採れ耐久性の高い竹が使われることになった。地域の伝統的な技術を用いて建設するため、建設作業は地元の建築家であるグエン・ブー・ホップと協力して行うことになった。

学校建設には、4mの竹を5,000本以上使用した。これらの竹は、腐食やシロアリの繁殖を防ぐために事前にいくつかの処理が必要だった。まずは乾燥させるために1ヵ月間泥のなかに埋めた。次に、掘り出した竹の表面を火であぶり、さらに表面を磨いて仕上げた。

建設のプロセスはできるかぎり簡素化された。屋根は事前に工場でつくられ、現場に運んで鉄筋コンクリートの柱の上に据え付けた。竹は籐の蔓で結びつけられ、一定間隔でボルトによって締められている。これはベトナムの住宅ではよく使われる手法で、屋根のトラス構造をつくる際に用いられることが多い。したがって、現場の職人にも馴染みが深く、作業効率が高まる施工方法だ。レンガを積んだ壁面は石灰でコーティングされている。

学校には、大きな教室が3つと小さな教室がひとつ、職員室と図書室と洗面所が設けられている。それぞれの部屋は庭園によって区切られており、暑いベトナムで快適に過ごせるよう工夫されている。植物や水の流れを組み合わせた庭園を学校内に取り込むことによって、自然換気を実現させている。窓には高価なガラスを使わず、プラスチック製の波板を活用することによって建設予算を抑えた。この波板はガラスに比べてかなり軽いため、風を取り込むために窓を開けたり、雨が降ったら窓を閉めたりするベトナムの気候には適している。また、波板の窓から入る青い光は落ち着いた教室の雰囲気をつくり出している。

地元の材料を使い、地元の建築家と大工がつくった小学校は地域の住民に愛され、完成後3年で増築されることになった。地域の実情に応じたつくり方が持続可能な建築を生み出した好例だといえよう。

サミュエル・モクビーとルーラル・スタジオ

Samuel Mockbee & Rural Studio

アメリカのソーシャルデザインを考えるとき、まず頭に浮かぶのが建築家のサミュエル・モクビーである。ソーシャルデザインに関する書籍を編集しているブライアン・ベルがかつて学んだのもモクビーの事務所だったし、若手ソーシャルデザイナーのキャメロン・シンクレアが最初に出版した編著書『Design Like You Give a Damn』の冒頭で敬意を表したのもモクビーだった。

1944年にミシシッピで生まれたモクビーは、アラバマのオーバーン大学で建築を学んだ。1974年に大学を卒業した後、1977年には大学の同級生だったトーマス・グッドマンと建築設計事務所を立ち上げた。さらに1983年にはコールマン・コーカーとトム・ホワースが共同経営者として加わる。この4人の事務所は、地域の素材を建築に取り入れることで有名だった。

1982年、マディソン郡でカトリックの修道院によって死刑囚の収容所を移転することになり、改修設計をモクビーたちが手伝うことになった。このプロジェクトがきっかけで、モクビーは低所得者層のための住宅に興味を持つことになる。このとき、彼は敷地内に死刑囚のための住宅を設計することを考え、地域で集めた素材と寄付してもらった材料、地域のボランティアの労働力を組み合わせて、70万円で住宅を建設した。この「チャリティハウス」の建設がモデルとなり、後に大学の教え子とともにこうした方法を発展させていくこととなる。

1993年、母校であるオーバーン大学の教授として教鞭をとることになったモクビーは、建築の教育が現場から離れていることに違和感を持った。そこで、現場に近く、地域の材料を使い、貧しい人たちに良質な住宅を届けるためのスタジオを設立することにした。同僚のデニス・ルースとともに設立したのが「ルーラル・スタジオ」である。このスタジオは、他のほとんどのカリキュラムにおいて失われていた実践的な経験の機会を学生たちに与えることを目的としている。したがって、一般の建築学科のスタジオとは違い、大学院2年生までに実施設計から施工までを経験することができる。とくに、これまでモクビー自身が目の当たりにしてきた貧困や差別などを解決するような住宅の設計や施工を主なプロジェクトとしている。

スタジオを設立するにあたって、大学内に部屋をもらうことを拒否したモクビーは、現場に近い町の中にスタジオを建設することにした。アメリカ南部の中の南部、俗に「ディープサウス」と呼ばれる地域にブラックベルトと称される場所がある。かつて、アフリカから強制連行された黒人奴隷たちが住んでいた場所で、今でもその子孫が多く暮らしている。なかでもアラバマ州のヘイル郡は1929年の大恐慌以来、現在までアメリカの繁栄とは無関係だった極貧地域と言われている。そこでモクビーは、このヘイル郡にスタジオを設立することに決め、地域の住環境を少しでも向上させることを学生たちとのミッションとした。

ルーラル・スタジオがヘイル郡に拠点をつくった当時、地域住民の35%が貧困層であり、ひとり当たりの所得はアメリカ全体の平均の59%しかなかった。住民の4分の1以上が生活保護を受けており、13%の住民が仕事を持っていなかった。この失業率はアラバマ州の平均の2倍である。当然、彼らの住居は劣悪な環境と化していた。

学生たちは、地域住民と対話することから調査を開始した。そのなかで見えてきたことは、政府からの住宅補助がおよそ200万円から400万円程度だったのに対し、地域で住宅を建てるための費用は750万円ほどだったことで、住民のほとんどが補助金で住宅が建てられていないという実態だった。こうした状況を打破するため、さっそく学生たちは自らが設計し、施工も担当するプロジェクトを開始した。12人の学生が地区で素材を集め、地区住民のための住宅を建設した。ルーラル・スタジオが設計した住宅は地区のニーズに合わせてカスタマイズが可能であり、モクビーの初期の設計と同じく建築家と貧困地区の住民との対話から生まれたデザインとなった。

「建築のデザインは外側から持ち込まれるものではなく、住民の内側から生まれてくるものである」というモクビーの思想に基づき、学生たちは地区に住み着き、コミュニティの一部となることからプロジェクトが始まる。施主や利用者のコミュニティと学生とが直に接点を持つことで、地区における真の課題を見つけ出そうとするのである。こうした方法でニーズを正確に把握するところから設計を進めなければならない、というのがモクビーの考え方である。

スタジオ設立以来、ルーラル・スタジオは現在までに80以上のプロジェクトを手がけている。3年間の闘病生活の末、2001年にモクビーは白血病で亡くなったが、その死後も、アンドリュー・フレアなど彼の意志を引き継いだメンバーによって新たなプロジェクトが進められている。

2002年には作品集『Rural Studio』が刊行された。続く2003年から2004年にはバーミンガム美術館、国立建築博物館、スコッチデール現代美術館などでモクビーとルーラル・スタジオの作品を展示する「コミュニティ・アーキテクチュア」展が開催された。また、この展覧会の図録『Community Architecture』も発売された。さらに、2005年には『Proceed and Be Bold』というモクビー後のルーラル・スタジオの作品集が刊行された。なお、モクビーは2004年にアメリカ建築家協会からゴールドメダルを授与されている。以下にルーラル・スタジオの代表的なプロジェクトをくわしく見てみよう

対話でつくる地域の教会

10　Project by Rural Studio
Mason's Bend Community Centre

メイソンズ・ベンドは、アラバマ州ヘイル郡に位置し、綿花地帯の奥深くにある地区だ。人口は100人程度。低所得者が多く生活している地域であり、居住者の多くはトレーラーハウスやバラックに住んでいる。この地区には教会がなかった。正確に言えば、教会として建造された教会がなかった。教会は使わなくなったトレーラーを改造したもので代用していたのである。

地区の住民とルーラル・スタジオの学生たちが話し合いを始めたとき、住宅よりもまず教会をつくりたいという意見が出た。子どもの面倒を見ることができ、礼拝もできるようなスペースが欲しいというのが彼らの要望だった。さらに、移動式の図書館やヘルスセンターになることも望んでいた。これによって、人びとが集まり、教育や医療のサービスを受けることができる場所が誕生することを願っていたのである。

学生たちは敷地周辺の家族を中心に、多くの居住者と根気よく対話を続けた。スタジオの設計プロセスは非常に柔軟で、図面を書くことよりも現場で感じたことや話し合ったことを最優先させて建築をつくることになっていた。結果的に現場で見つけた素材をうまく再利用することが、今回のデザインにおいてとても重要な要素となった。

学生たちは、寄付された杉材でシンプルな集成材のトラスを組み、土壁を建ててコミュニティ

センターをつくった。教会を被う鱗のようなガラスは、廃棄されたシボレーのフロントガラスを学生が12,000円ほどで購入してきたものである。モクビーはこの建物を見て、「アメリカで見られるどの建物にも劣らず最先端を行く建築物だ」と評したという。

教会部分はいつでも開いていて、考えごとをしたり、暑さから逃れてひと休みするための場になっている。ときには集会場となったり、地元の合唱団の練習場になったり、夏期学校の食事場所になったりする。夜になると教会の明かりが灯台のように道行く人を照らしている。

経済拠点としての農作物販売所

11 Project by Rural Studio
THOMASTON FARMER'S MARKET

このプロジェクトは、ルーラル・スタジオとして初めて、建築物だけでなく地域経済についても考える機会を与えてくれるものとなった。ルーラル・スタジオは、建築物を設計するだけでなく、その用途を開発することからプロジェクトに関わることが多い。このプロジェクトでも、学生たちは地域経済に寄与するプログラムを住民とともに検討するところから活動を開始している。学生たちは事例収集から始め、地産地消型のファーマーズ・マーケットを地域に設置するという方向性が決まった。さらに調べてみると、成功しているファーマーズ・マーケットはほとんどが「角地」にあることが分かった。さらに、道路に面し、大きめの屋根がかかっており、農家の車が直接乗り入れることができるほどの大きさが必要だということが分かった。

こうした条件で敷地を探した結果、トーマストンという地区に最適な場所を見つけた。この地区は人口が400人ほどで、白人と黒人が半分ずつ居住していた。ふたつの高速道路が交差するトーマストンという地区は、農作物が運び込みやすいというだけでなく、経済的な発展が見込まれた土地だった。学生たちは、アラバマ州高速道路局などとやりとりしながらプロジェクトを進めた。行政側も、このプロジェクトが街の活性化につながるのではないかと期待し、できる限りの支援を行うことになった。

マーケットは、コンクリート基礎の上に立つ柱と風通しの良い屋根で構成されている。蝶が羽を開いたような形態をした屋根の中央には、雨水用の排水溝が設けられている。ここにはジャスミンの草を這わせた。屋根の上を緑化するかのように植物が増殖するイメージはモクビーの発案である。鉄骨の梁とトタンの屋根は溶接されており、これまでルーラル・スタジオが経験してきた木造建築とは違った複雑さを持つ建物となった。

柱スパンは2.5mで、これはマーケット出店者のテーブルの幅に合わせてある。柱に埋め込まれた照明によって、マーケットは夜間でも存在感を

持つことができている。歩道や駐車場も設けたが、マーケットとの間に植樹することによって、マーケットの独立性は増し、商品への適度な日陰をつくり出すことにも成功した。

当初、地区の人びとはプロジェクトに対する不安をよく口にした。モクビーは学生たちに「熱意を持って辛抱し続け、不安に打ち勝つようにせよ」と諭していた。次第に学生たちの努力は実り始め、地域住民が工事現場に顔を出すようになってきた。参加した数名の学生は彼らの家に招待されることもあった。マーケットが竣工した日には、街の人たち全員がパレードと花火で祝った。

学生たちにとってこのマーケットづくりは、単にデザインや建築を学ぶだけでなく、事業採算性や地区における話し合いの場づくりやファシリテーションの技法など、政治的な学習の場ともなったと言える。

幻となった 夢の放課後クラブ

12 Project by Rural Studio AKRON BOYS AND GIRLS CLUB

ルーラル・スタジオが拠点を置くヘイル郡に、アクロンという地区がある。アクロンは鉄道の線路と河川に挟まれた場所にあり、そのほとんどが平屋の住宅で埋め尽くされている。街にはコンビニやガソリンスタンド、町役場、ホテルや下宿屋、店舗として使われていた旧い建物などが残っている。レンガとコンクリートブロックでつくられた建物がほとんどで、鉄道と舟運が盛んだった時期にとても栄えた街だった。ところが輸送手段が自動車に変わってからはみるみる衰退が進んでいった。街に住む600人の住民は、ほとんどがアフリカ系アメリカ人であり、トレーラーハウスで生活していた。

この地区には公共施設が不足しており、住民が自由に集まるための場所がなかった。そこで少年少女クラブのためのコミュニティスペースをつくろうと、ルーラル・スタジオの学生たちが立ち上がった。幸いなことに、古くなった八百屋の建物を持主が寄付してくれることになったので、これをリノベーションして施設をつくることになった。

敷地は街の中心部に位置し、消防署や町役場がすぐ近くにあるという好立地だった。近くには256人の生徒が通う小学校もあった。地域の大人たちは、アクロンの街から車で20分ほど離れたタスカルーサやグリーンズボロまで働きに行っているため、地域に残された子どもたちは毎日3時間ほど自由な時間があることも分かった。そこで、新しくできる建物は、さまざまな年齢や背景を

持った子どもたちが出会える場所にしようという目的が共有された。

設計は大学院1年生3人が中心になって進められた。100年前につくられた八百屋の建物はレンガづくりで、外側には青や緑のペイントが施されていた。こうしたレンガは外側から磨くことにし、室内には適宜新しい壁を建てることとした。上部にはスチール製の屋根を架けることになったが、屋根とトラスを合わせると250万円程度の費用がかかる。そこにオーバーン大学の卒業生が経営する会社が寄付をしてくれるという話が持ち上がり、近隣の短期大学からは屋根の溶接や資材運搬の協力が得られることになった。

建物には大きなレクリエーションスペースと洗面所、図書館とコンピュータ室があり、裏には大きな庭と遊び場が用意された。エアコンは学生の父親がこのプロジェクトのために取り付け免許を取得して設置したものである。建物には中2階があり、平屋ばかりの地区に囲まれている子どもたちは大喜びした。夜になると、ブルーのメタルフレームがレンガの暖かい色を背景にして浮かび上がり、存在感が増した。そして最後に、近隣のタスカルーサ少年少女クラブの協力で建物の管理者を探すことになったのである。

ところが、そこまでプロジェクトが進んだ段階で、持ち主の八百屋が建物を寄付するのをやめると言い出した。結局、少年少女クラブのためにその場所を使うことができなくなり、残念ながら現在のところ利用も修繕もされないまま放置されている。しかし、彼らの問題設定やプロジェクトの進め方は多分に示唆的である。いつかまた持ち主の気持ちが動き出し、完成したコミュニティスペースが日の目を浴びることを期待したい。

モクビーの思想をかたちにしたスタジオ

13　Project by Rural Studio
SUPERSHED AND PODS

ヘイル群ニューバーンは人口254人の地区である。1816年に入植した地区で、肥沃な土地だったことから、木綿の生産が盛んなころには豊かな農業地域として栄えた。ところが産業構造が変化し、現在では教会といくつかの倉庫が残っているだけである。地域にはナマズの加工と牧畜以外の仕事がなかった。モクビーはここにルーラル・スタジオの研究室と学生の住居をつくろうと言い出した。

プロジェクトの着想は15年前のモクビーのアイデアまでさかのぼる。彼がミシシッピ州立大学で実施された短期間のワークショップに参加した際、低所得者のための住宅としてトレーラーや小屋を建て、それらをつなぐように細長い納屋が建てられる光景を目にした。これにヒントを得て、大ス

パンの納屋に住宅をつなぎ合わせるようなデザインをニューバーンで実現したいとモクビーは考えたのである。

納屋のような「スーパーシェッド」は、高さ5m、幅45mにも及ぶ。使わなくなった道路標識やスチールのプレート、新聞の印刷版やナンバープレート、段ボールなどでつくられた「ポッド」が、細長いシェッドを支える9本の柱の間にぴったりと収まっている。材料にはダンボールも使われている。耐水性を高めるためにワックスを塗ったダンボールは、リサイクルができないためこれまでは廃棄されていた。しかし、住宅資材としては最適な絶縁体であり、一定の規格に整形することでブロックのように使うことができる。ポーチや通路には線路の枕木が使われている。ポッドはさまざまな材料の寄せ集めなので、色や素材や形がバラバラである。しかし、シェッドが全体をつなぐことで、外から見ればまとまったひとつの街を形成しているように見える。

さまざまな材料を寄せ集めた建物は、モクビーが絵を描いたり、建物を設計したり、ルーラル・スタジオの学生を率いたりするときの状況に似ている。モクビーの絵はさまざまな材料を集めたコラージュが多く、建物もこうした方法で建てられる。ルーラル・スタジオの学生もさまざまな人種や背景を持っていることが多い。

こうしてでき上がったルーラル・スタジオの拠点で18名の学生が生活するようになった。共同生活を送ることで、学生同士は親密な関係性を築き上げる。後にモクビー本人のポッドも学生によって建設され、彼がそこで生活することによって学生と教員との距離もまた縮まることになったという。

球場づくりに込めた野球狂の夢

14　Project by Rural Studio
NEWBERN BASEBALL FIELD

ルーラル・スタジオの拠点があるニューバーンで、地域の野球場を再整備したいので手伝ってほしいという依頼があった。地域の野球人口を増やし、野球を愛する人を増やしたいというのが依頼した野球チームの想いだった。現場は農地のな

かにあり、すでに100年間使われてきた野球場があった。この野球場に対する地域の愛着は大きく、劣化した設備をひとつ変えるにも多くの人の想いを聞かねばならない、という状況だった。

そこで学生たちは歴代の野球チーム幹部と何度も打ち合わせし、彼らとの関係を構築するところからプロジェクトを始めた。ある程度の関係が築けたところで、学生たちがプロトタイプとしての改修案をつくり、それを提示しながら地域住民との話し合いを進めることにした。地域住民やチーム幹部の意見を取り入れ、徐々にプランをブラッシュアップしたのである。

現地には水も電気もなかったため、アラバマ市民司法財団から寄付を受けることになった。この寄付金で電気や水道のインフラを整備するとともに、フェンスの支柱となる鉄骨部材やワイヤーメッシュなどを購入した。鉄骨の支柱のワイヤーメッシュのみでフェンスを構成することで、観客席から野球場を見る際の妨げを最小限にとどめることができている。ワイヤーメッシュには錆び止め加工などを施さず、自然に風化することをめざした。というのも、以前使っていた球場のワイヤーメッシュが錆びていて、それが逆に太陽光などを反射させずまぶしくなかったという意見が多かったからだ。ただし、ワイヤーメッシュのフェンスはたびたび補修されてつぎはぎだらけになっていたため、すべて新しいものに取り替えることにした。これによって継ぎ目でグラウンドが見にくいという課題を解決することができた。

ニューバーン地域には他にもいくつかのクラブチームがあり、ルーラル・スタジオはこのプロジェクトの後、さらにふたつの野球場の改修設計を担当することになった。これらのスポンサーになったのは、最初の野球場の際のスポンサーでもあった「ベースボール・トゥモロー」という組織である。

積層カーペットの高断熱住宅

15 | Project by Rural Studio
Lucy House

ルーラル・スタジオは、ヘイル郡のメイソンズ・ベンド地区でコミュニティセンターを設計したが、実はそれ以外にも3軒の住宅を設計している。最初に設計したのがブライアント家のための住宅で1994年のことだった。1993年に設立されたルーラル・スタジオの最初期の住宅設計と言えるだろ

う。次いで1997年にはハリス家のためのバタフライハウスを設計した。そして、2002年にはルーシー家のための住宅建設プロジェクトが始まった。これはモクビーが亡くなって1ヵ月目のことである。

モクビーの構想を引き継ぎ、ルーラル・スタジオの共同設立者であるデニス・ルースが学生たちを率いてプロジェクトを進めた。ルーシー・ハウスは平屋で、地域独特の片流れ屋根を用いていた。正面右手側にはワイン色の「ねじまげられた」ダイニングルームのタワーが設けられている。独特の形をしたタワーから半透明の通路によってつなげられた母屋には、3人の子どもたちの寝室と風呂、リビングルームと台所が設けられている。

住宅はコンクリートの基礎にしっかりと固定されており、ハリケーンやトルネードの被害から守ることのできる。この住宅の最大の特徴はカーペットタイルの積層によってつくられた壁で、その数約24,000枚。世界最大のカーペットタイルメーカー、インターフェイスカーペット社が余ったカーペットタイルを寄付してくれたのである。学生たちはそれらを丁寧に積み重ね、その上に木造の部屋や屋根が載せられた。屋根の庇は大きく張り出しており、カーペットタイルを積み上げたカラフルな壁面を雨から守っている。タイルは圧縮されて強度を増すとともに、厚い壁が断熱効果を発揮し、快適な室内環境を実現している。奇想天外でありながらきわめて合理的な解決へと導くモクビーの思想が確実に受け継がれていることを示したプロジェクトである。

200万円住宅のつくり方

16 Project by Rural Studio $20K House

このプロジェクトは、ルーラル・スタジオと地元のNPO法人住宅資源センター（Housing Resource Center）との協働によって進められた。プロジェクトの目的は、独身の低所得者が政府による住宅ローンを利用して住宅を建てられるようにすることだった。とくに地元の工務店によって建設されるような住宅のプロトタイプをつくることが大切だと感じたルーラル・スタジオは、建築資材に100万円、人件費と工務店の利益を合わせて100万円の200万円で建設できる住宅を設計することにした。200万円の住宅であれば、ローンを組んでも月々6,400円を支払うだけでよく、低所得者でも購入できる価格だ。

住宅のフレームは木造で構成され、地元の工務店が簡単に真似できるシンプルな構造となっている。学生の入念な調査によって、建築資材はすべて地元のホームセンターで調達できるものばかりとした。外壁はトタン板で被い、耐久性のある仕上げとなっている。内装は間仕切りを最小限とし、天井高を3mにすることで開放的な空間を実現した。内装の仕上げは石膏ボード。動線を遮断するものがほとんどなく、電気や水道の配管は壁の一面に入れ込むことが可能になった。

エネルギー効率がよく、政府の住宅基準を満たしたデザインは評価が高い。室内空間が狭く、空間構成が単純なので、夏でも自然換気で十分快適なのである。この住宅はモデルハウスとしての役割も果たしており、興味があれば誰でも見学できる。気に入れば補助金や住宅ローンを利用して住宅を購入することができる。製品としての住宅ではなく、施工方法の流通に重点を置いたこのプロジェクトは、「技術の解放」をめざすルーラル・スタジオのもうひとつの独自性を示していると言えよう。

想像力を拡げる

社会問題を伝えたくなる景観広告

Project **JESKI Social Campaign**

地球を象ったキャンドルは地球温暖化に警鐘を鳴らすメッセージ

17

受け皿に世界地図がプリントされたウォータークーラーは、ボタンを押すとちょうどアフリカの位置に水が落ちるようにデザインされている。アフリカへの給水設備の設置を呼びかけるしかけ

There's enough water in here
to last an entire village for a whole year.
International
Red Cross

「この（給水タンク）1杯の水がひとつの村の1年間の生活を支えます」。アフリカへの給水設備の設置を呼び掛ける国際赤十字の広告

筆者がランドスケープデザインを学ぶ学生だったころ、ランドスケープアドバタイジング（景観広告）について考えた時期があった。「顔に見える家」や「箱みたいなビル」があるんだから、建物に少し手を加えて都市景観を広告化すればインパクトがあるんじゃないか、と考えたのである。「これはすばらしいアイデアだ！」と思って調べてみると、すでにデザイナーのナガオカケンメイが煙の出る煙突をタバコに見立てたり、丸いガスタンクに小さなシールを貼って卵に見立てたりする広告をたくさん提案していた。

韓国出身のアートディレクター、ジェスキはそれをさらに社会的な課題を認知させるために使った。たとえば、ニューヨークの地下街から地上へ上がる階段にエベレストの写真を貼り付け、「人によってはこの階段がエベレストのようにも感じられる」というフレーズを付け加える。身体が不自由な人のためにエレベータやエスカレータの設置を呼びか

ビルのシルエットと水面がプリントされたカフェの窓。窓を開けようとスライドすると、ビルが水面に沈むようなデザインになっている

けるアメリカ障がい者協会の広告である。あるいは、ビルの屋上に設置された給水タンクの下にアフリカのこどもの姿を組み合わせた写真によって、この水瓶があれば、ひとつの村に住む人たちが1年間水を飲むことができるというメッセージを掲示する。国際赤十字による公共広告だ。

都市景観を利用して社会的な課題を多くの人に認知させるこの発想は、ベネトンの広告を社会的なものに変えたオリビエーロ・トスカーニのものに近い。人種差別問題、エイズ問題、環境問題など、多くの人に知らせて新たな行動を喚起したい問題をわかりやすく広告に表現する。人びとが目にする広告を何のために使うのかという問いに対するベネトンの姿勢を、強烈に示した事例と言えよう。ジェスキの公共広告は、ナガオカとトスカーニの発想を組み合わせたような特徴を持っている。

ジェスキは広告デザインを学ぶために渡米し、ニューヨークの大学を出た後に広告代理店で働いていた。独立した当初の仕事はほとんどが商業的な広告だった。そのころから、彼のデザインは都市空間を積極的に活用する特徴を持っていた。ここで紹介した広告のアイデアは商業的な広告をデザインしていたころと同様の発想である。

イラク戦争に反対するポスターのデザインでは、ライフルをかまえて敵を狙う兵士の写真を丸い柱に巻きつけ、銃口が自分の後頭部に突きつけられていることを示した。同じく、手榴弾を投げた兵士のポスターは自分の後ろに手榴弾が飛んできていることになり、ミサイルを発射した戦闘機は背後からミサイルが追いかけてくることになる。誰かを攻撃することは、回り回って自分が攻撃されることになるということを、丸い柱を使って表現している。ほかにも、飛び出した水がちょうどアフリカに当たるように世界地図をプリントしたウォータークーラーや、地球温暖化による海水位の上昇を表現した窓のプリントなど、多くの人が目にする場所に社会的な課題を明示するような公共広告をジェスキはたくさん提案している。

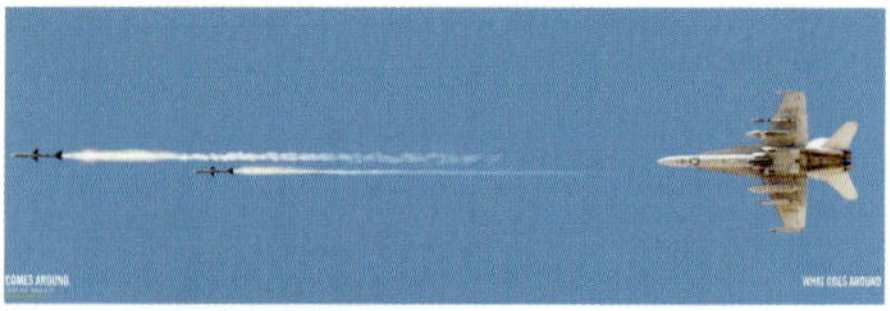

뿌린대로 거두리라. 이라크 전쟁 반대 포스터 / 위: 가로로 긴 포스터, 아래: 기둥에 감긴 모습

뿌린대로 거두리라. 이라크 전쟁 반대 포스터 / 위: 가로로 긴 포스터, 아래: 기둥에 감긴 모습

뿌린대로 거두리라. 이라크 전쟁 반대 포스터 / 위: 가로로 긴 포스터, 아래: 기둥에 감긴 모습

뿌린대로 거두리라. 이라크 전쟁 반대 포스터 / 위: 가로로 긴 포스터, 아래: 기둥에 감긴 모습

「What goes around comes around（自分の行いはいずれ自分に返ってくる）」と記されたイラク戦争反対を呼びかけるポスター。円柱に貼ることで「他者への攻撃が自分への攻撃にもつながる」というメッセージが視覚的に表現される

「人によってはこの階段がエベレストのようにも感じられる」。地下街の階段に記されたのは、エレベータ設置を呼びかけるアメリカ障がい者協会のメッセージ

歩道に敷かれたグラフィックは、くず入れの利用を呼び掛けるポイ捨て防止のメッセージ広告

普段から目にしている街の風景に少し別の要素が加わり、そこに効果的なメッセージが込められると、見慣れた風景だからこそ大きなインパクトを持ち得る。ジェスキの公共広告はそのことを感じさせるものだ。

こうしたインパクトを生み出すために、ジェスキは都市空間の特徴を深く読み取る。伝えたいメッセージとその表現、そして都市空間の形態や風景の構造。それらを読み取って、デザインに統合する。イラク戦争反対のポスターは、6ヵ月間考え続けたデザインだという。

都市空間に登場するこれらの広告は、そのインパクトゆえに多くの人の目を引くだけでなく、携帯電話などによって撮影され、さらに多くの人たちに伝えられる。ブログや動画投稿サイトなどにアップロードされる。こうして、その場にいない人にも伝えたい情報が広がっていくことになる。

ジェスキの景観広告が注目を集めるのは、そこでしか発せられないメッセージでありながら、誰かに知らせたくなる魅力も兼ね備えているからではないだろうか。

AIR POLLUTION KILLS 60,000 PEOPLE A YEAR.
Learn more at NRDC.org

外壁に設置されたドキリとするデザインは
大気汚染による被害を訴える

五感で学ぶ
特別支援学校

18　Project
Hazelwood School

筆者がかつて設計事務所に勤務していたころ、障がい者が利用する施設の設計に何度か携わったことがある。障がい者とひと言でいっても、当然のことながらその特性はバラバラだ。視覚障がい者が必要とする誘導レールが車椅子利用者の移動を邪魔することだってある。したがって、設計する際には多様な障がい特性を持った人たちに集まってもらい、さまざまな意見を聞きながら方針を固めることが重要だと感じた。

イギリスのグラスゴー市に見事な学校がある。視覚障がい、聴覚障がい、認知障がい、移動障がいなどの障がいを持つさまざまな人や、これらの複合障がいを持つ人たちが利用する。グラスゴー市の教育委員会が2003年に設立を決め、5年の歳月をかけて建設した特別支援学校である。

デザインを担当したのは建築家のアラン・ダンロップ。アランは、多様な障がい特性を設計に反映させるため、生徒自身と教職員に加え、生徒の保護者やボランティア団体の責任者、地域住民、医療や福祉団体の専門家、そして教育の専門家などを集めて話し合いの場を持った。この話し合いによって、障がい特性に応じた空間の配置や細かい配慮、誘導計画、材料の選定、屋外空間の設計、地域との連携など、さまざまな設計方針が生まれた。話し合いの期間は1年半。「ヘーゼルウッド・スクール」という学校の名前自体もこの会議メンバーによる投票から生まれたものだ。

生徒は2歳から19歳まで60人が通い、教職員50人とともに施設を利用する。建築物は大きな樹木に囲まれた位置に配置されており、蛇のように曲がりくねった平面形態である。室内にまんべんなく太陽光が入るように建物を細長くし、ハイサイドライトによって採光を得る。壁面には収納棚を設置することによって、外部からの視線を遮る役割を果たしている。こうした壁と窓の関係性は、生徒たちが授業に集中するために必要な工夫だと言えよう。

曲がりくねった建物の中心部には緩やかに湾曲した廊下がある。この廊下の片面には「センサリー・ウォール」と呼ばれる誘導機能付きの壁が設置されている。壁の中は収納スペースになっているが、扉を閉めておくと手触りだけで今いる場

所とこれから行こうとしている場所の位置関係が分かるようになっている。こうしたナビゲーションがあると、生徒は自らの力で教室移動ができるようになり、徐々に生活への自信を持つようになる。とくに、誰の補助もなくトイレへ行くことができるというのは自立の大きな助けとなる。さらに自宅や外出先のトイレを使うことも考慮し、さまざまなタイプのトイレを設置してその使い方を学ぶことができるようにした。

建物の外側にもさまざまなアイデアが見られる。外壁に貼られた下見板は天然のカラマツ材を使っているため、徐々に色が変化することになる。建築物の近くに残された大きな樹木はキャノピーをつくり出し、屋外の教室空間を生み出している。また、周囲の緑が敷地外部からの騒音をかき消してくれているのも特徴的だ。集中して屋外の授業を楽しむことができる。設計者のアランは、「いつか樹木がさらに育って、公園の中にひっそりと収まる建物になって欲しい」と言う。

設計段階から地域住民と話し合ってきたことから、生徒たちは自分たちの施設が地域に受け入れられていることを知っている。地域住民もまた、継続的に学校の運営に関わるようになり、地域の情報を持ち込んだり、授業の手伝いをしたりするようになった。付近の学校の生徒がセンサリー・ウォールを使って視覚障がい者の気持ちを体験したり、合同でプログラムを実施したりすることで、同年代の子ども同士の交流も盛んだ。

生徒たちは、学校を卒業したら地域社会で暮らさねばならない。そのために、早い段階から地域住民と交流し、相互に理解を深めておく必要がある。授業の中では施設の敷地外へ出かけて歩いてみることなどが試されている。こうした取り組みを実現させるためには、学校の建設をきっかけにして、できる限り地域住民との関係を築き上げておくことが大切なのだろう。

筆者の設計事務所勤務時代、最後に書いた企画書が「そらぷちキッズキャンプ」だ。北海道滝川市に設立された障がい児たちのキャンプ施設である。キャンプ施設のほかに、宿泊施設、診療施設、研修施設などが併設されており、地域の病院やボランティア団体などとのネットワークを形成している。独立してから一度立ち寄ってみると、施設内にはすてきなツリーハウスができていた。吊り橋のあるアプローチは車いすの子どもでも渡れるようになっており、地上8mからのすばらしい眺めを楽しむことができる。

電話ボックス
再活用大作戦

19 Project
The Book Exchange

まちなかにちょっとした物販ブースがあって、それを「キオスク」と呼ぶことがある。もともとイスラム式庭園に点在した休憩所のことをキオスクと呼んだのだが、いつの間にか小規模な物販ブースのことをこう呼ぶようになった。なかにおばちゃんが立っていて、新聞や飲み物やお菓子などを販売していることが多い。JRの駅構内にたくさん存在するので、利用したことがあるという人も多いはずだ。

「あなたならキオスクをどう使いますか？」。イギリスの電話会社BTがこんなキャンペーンを実施した。ここで言うキオスクとは、使い古しの電話ボックスのことだ。「Adopt a Kiosk」というキャンペーンで、携帯電話の普及にともなって各地から撤去した電話ボックスを「あなたの町へと養子に出しますのでかわいがってください」というのである。イギリスの赤い電話ボックスは世界的に有名で、イギリスの町におけるアイコンのひとつとなっている。こうした電話ボックスが一時期どんどん撤去されたのだが、ここにきてそれを活用するコミュニティを募集するというわけだ。

有意義に使ってくれる自治会などがあれば、電話ボックスを約125円で譲るので公共的な役割として活用してほしい、というのがキャンペーンの趣旨だ。これに応じたのがウエストバリー・サブ・メンディップ地区。2009年に電話ボックスを購入し、そのなかに本棚を設置した。まちの住民は、読み終えた本を電話ボックスへ持ってきて、そこにある読みたい本を持ち帰ることができる。赤い電話ボックスが本の無人交換所として蘇ったというわけだ。「ブック・エクスチェンジ（本の交換所）」と呼ばれる24時間オープンの小さな図書館には、本の他にもDVDやCDが置かれるようになっている。使い古された小さな電話ボックスが、つねに人が訪れるコミュニティサービスの拠点になったのである。2011年には2周年を迎えるブック・エクスチェンジを祝うために町中でピクニックイベントが行われた。

2012年には、リトル・イートンという町でもブック・エクスチェンジとして使うために電話ボックス

が購入された。この町では数年前に図書館が閉館になり、読書会を主催していた団体が役所に掛け合って電話ボックス購入を検討してきた。購入した電話ボックスは住民とともに塗装したり、補修したりして、ブック・エクスチェンジの拠点として使われている。

ほかにも、アートギャラリーとして購入されたり、AEDを設置するために購入されたりしている。アートギャラリーには人気バンドであるクイーンのブライアン・メイや写真家のマーティン・パーなどが支持し、彼らの写真展が開催されているものなどもある。こうしたギャラリーは24時間、誰でも見ることができるのが特徴だ。再利用された電話ボックスは観光名所となり、近隣の宿泊施設の予約数を増加させるまでに至っているという。

かつて日本にもたくさんの電話ボックスがあった。彼らは今、どこで何をしているのだろうか。

学びを実現するツール

20 Project
Kinkajou Microfilm Projector

21 Project
One Laptop per Child

社会的な課題を解決しようとするとき、課題の本質を調べ、それを改善するようなデザインを提案する方法がある。しかし、この方法だと、別の課題が生じた際にも同じようにデザイナーを頼らざるを得ない。課題を解決するようなデザインは大切だが、一方で地域の住民が自ら課題解決に取り組む気運を生み出すことは難しい。

そう考えると、少し時間はかかるものの、地域の住民自体が課題を解決する能力を身につけることが重要であることに気づく。なかでも、子どもたちに教育の機会を与えることによって、将来の革新的な課題解決を期待する方法に思い当たることが多い。世界中の貧困地域は、子どもたちの教育機会が限られており、成長した子どもたちから地域の課題を解決するようなアイデアが出てこない場合が多い。こうした「教育機会の未整備」が、結果的に地域の課題を未解決なまま放置することにつながっている。

こうした状況に対して取り組むプロジェクトは世界中に見られる。ここではとくに、以下のふたつのプロジェクトに着目したい。

ひとつは「キンカジュー・マイクロフィルム・プ

ロジェクター」である。キンカジューとは、アフリカでよく見られるアライグマ科のネコのような動物で、夜行性なのが特徴である。このプロジェクトは、夜行性の動物のように、農作業などが終わった後の夜の時間を使って勉強することを推進するもの。電力供給が十分でないアフリカの農村部では、十分な夜間教育が行われていない。ところが、昼間は農作業などがあって子どもたちも仕事をしなければならないため、結果的に子どもに対する教育機会が著しく損なわれていることが課題だった。

その結果、アフリカの農村部では75%の人が読み書きできないという状況が長く続いている。読み書きができれば、薬の消費期限を知ったり、農作業の効率化について学んだり、農薬を使う際の注意点などを理解することができる。女性の政治参加率を高めることもできる。もちろん、住民が教育に対して無関心だというわけではない。そもそも本がなかったり、夜に本を読むための光がなかったりするというのが識字率の低さの原因なのだ。

こうした問題を解決するため、アメリカのNPO法人「デザイン・ザット・マターズ」が、学生たちと一緒にデザインしたのが「キンカジュー」と呼ばれるツールである。太陽光パネルで充電したバッテリーから電気を引き、プロジェクターから黒板に光を照射する。マイクロフィルムを差し込めば、そこに学習のためのテキストが映し出されることになる。学校の先生たちの板書がゆがむと、子どもたちの文字もゆがんでしまうという問題点を解決するため、マイクロフィルムから投影される文字をなぞることで、こどもたちが文字を書く練習をすることもできるようになっている。

マイクロフィルムを入れるカセットは1万枚のフィルムを格納でき、1カセットあたりの値段は600円程度である。プロジェクターは頑丈であり軽量になるようデザインされ、低電力で稼働すること、砂や埃が入らないような防塵仕様にすることなどが考慮された。教室全体から見えるほど文字を大きく投影するためのライトはLEDを使っており、レンズは安く手に入る光学プラスチックレンズである。メンテナンスのために特殊な道具は必要なく、強いて挙げれば電池交換の時に使うコインくらいだろうか。

2004年、アメリカの国際開発庁の援助でアフリカのマリ共和国の45の村の識字センターに「キンカジュー」が導入された。その結果、2年間

に約3,000人の生徒が読み書きを勉強することができた。その中には子どもだけでなく大人も含まれている。期末テストの点数を比べると、昼間に勉強するグループ、「キンカジュー」を使わず夜間に勉強するグループ、「キンカジュー」を使って夜間に勉強するグループのうち、「キンカジュー」を使ったグループが最も高い点数を取ったという。

現在、ウガンダ、ケニア、スリランカなど、30ヵ国から「キンカジュー」を導入したいという依頼が届いている。「キンカジュー」の開発に携わった学生たちの中には、このプロジェクトがきっかけで社会的な課題に取り組む仕事に就くことにした人がたくさんいるという。

もうひとつのプロジェクトは、アメリカのデラウェアに本拠地を持つNPO「ワン・ラップトップ・パー・チャイルド(OLPC)」が進めるものだ。OLPCは、マサチューセッツ工科大学のメディアラボのメンバーがつくったNPOであり、世界中の貧困地域の子どもがすべてノートパソコンを使って教育を受けることができるようにすることを目的としている。どんな環境に住む子どもでも使えるように、頑丈で低コスト、少ない消費電力でネットワークに接続できるノートパソコンを開発する必要があった。OLPCが開発したノートパソコン「XO」の第一世代は、OSにLinuxを使い、モノクロディスプレイで消費電力を抑えることができた。さらに価格も下げることができ、太陽光の下でも文字が読みやすかった。無線LANにも接続でき、自動的にローカルネットワークを構築して他のノートパソコンと情報のやりとりができた。電源は既存のパソコンの5倍長持ちし、かなり頑丈なつくりだった。故障した場合でも、地元の人が少し学べば分かる程度の簡単な方法で

直すことができた。「読む、学ぶ、インターネットに接続する」という3つの機能を果たすパソコンとしてはこの上なく高性能だった。2007年から配布されたノートパソコンは各国の政府を通じて学校に支給され、2011年には42ヵ国、200万人の手に渡った。

その後、OSにLinuxとWindowsを使った「XO1.5」や、折りたたみ式でふたつのタッチスクリーンからできている「XO1.75」(実用化せず)が発表された。2008年に発表された「XOXO」はタッチスクリーン式のタブレット端末となっており、裏面にカメラが設置されている。最新版の「XOXO」は、使われる国によってOSをAndroidとLinuxのいずれかを選ぶことができ、価格も1万円以下で販売されることになっている。

OLPCは、ノートパソコンやタブレット端末を使って子どもたちがいつでもインターネットにアクセスできる状態をつくりたいと考えている。そのため、次の5つの信念を持って活動を推進している。1.ノートパソコンを個人が所有できるようにすること、2.ノートパソコンを低年齢の子どもの教育のために使うこと、3.ノートパソコンを支給するときはクラスの子ども全員に配布すること、4.インターネットに接続できる端末を使うこと、

5.ノートパソコンで使うソフトは無料のオープンソースのものであること。

コミュニティセンターに設置されたパソコンをみんなで交代しながら使うのではなく、ひとり1台のノートパソコンを使うことによって、各人がそのツールを大切に扱うことを期待している。「個人が鉛筆を所有するようにノートパソコンを所有するべきであり、ノートパソコンは鉛筆よりも子どもの可能性を広げるものである」というのがOLPCの考え方だ。だからこそ、学校に設置されるデスクトップ型のパソコンではなく、家に持ち帰ることのできるノートパソコンであることにこだわっているという。

国連は、2011年5月に「インターネットへの接続は人間の基本的な人権である」と宣言した。なぜなら、インターネットは個人が自由に情報を受発信できるツールだからだ。だとすれば、そのツールを子どもたちに提供することもまた大切なことである。住む場所によって、基本的な人権が得られないということがあってはならないはずだ。こうしたミッションを掲げて、OLPCは今も世界中の子どもたちにインターネットへの窓口を配布している。

ひとりでつくれるペットボトルのシェルター

22 Project United Bottles

ペットボトルは便利なもので、これが発明されると一気に先進国中に出回った。現在、ヨーロッパだけでも500億本のペットボトルが流通しているという。これらのペットボトルを資源として回収し、再利用しようという試みは各国に見られる。ヨーロッパではデポジット制度を実施している国が多く、使用済みボトルを返還するとお金が戻ってくる法律が施行された結果、9割の使用済みボトルが回収されるようになった。こうして回収されたボトルはリサイクルされ、船の材料や衣料品の原料として活用されている。

ユナイテッド・ボトルのプロジェクトチームは、このリサイクルルートとは別のルートを考えるところからスタートした。日常的にはリサイクル

ルートを通って再利用されるペットボトルが、災害時などの非日常にはルートを飛び出して独自のルートを生み出すような仕組みはないものか――こうした発想から生まれたのが、「お互いをつなげやすいペットボトル」である。例えば災害が発生した際、最初に求められるのは「水」と「住居」である。そこで、普段から流通しているペットボトルが水を供給し、その後はボトルを組み合わせて住居をつくることができれば、被災地で真っ先に必要とされる水と住居を同時に供給することができるだろう。

ただし、それを空輸していたのではエネルギーも時間もかかってしまう。普段から流通しているペットボトルが、すでにお互いを組み合わせられるような形状となっており、日常的にも組み合わせて運びやすく、非日常的には住宅として組み立てることができるようなボトルであるべきだ――こうした考え方から、特徴的な凹凸のあるボトルがデザインされた。

ボトルは9本が1ユニットとして結合できるデザインとなっており、ユニットは人がひとりで運べる重さが基準となっている。普段から国内に流通しているペットボトルが、災害時には国内各所から集められ、飲料水として使われたり、仮設住宅の材料として使われることが想定されている。水を中に入れて太陽光で消毒したり、土を入れて仮設住宅の壁にしたりする。あるいは羽毛を入れることによって断熱材にもなり、ボトル内部に入れる材料を変え、それらをうまく組み合わせることによって応急住宅をつくることも可能だ。ペットボトルに入れる材料の工夫次第では、中長期的な住宅もできるという。

現在、ユナイテッド・ボトル・チームはヨーロッパ各地でさまざまな空間をつくる実験を繰り返している。街の広場に仮設のバーを建設するなど、災害時以外でもユナイテッド・ボトルを使う方法がたくさん発見されている。日常的にも、非日常的にも使われるペットボトルの誕生に期待が膨らむ。

ゼロ円ではじめる路上図書館

23 | Project **Street Books**

アメリカのポートランドで活動するローラ・モウルトンは作家であり、アーティストでもある。路上生活者に本を貸し出す「ストリート・ブックス」というプロジェクトは、ローラが「路上生活者が本を読む機会を増やせないだろうか」と考えたことから始まった。自転車の荷台を改造して、本を入れられるような箱を設置。本の最終ページには貸し出し票がついていて、借りた人が名前を書き込むことになっている。毎週月曜日と水曜日

の午前10時から13時まで、公園の噴水近くや彼らの仮設住宅の近くで貸し出しを行っている。

ローラが本を購入する資金は寄付でまかなっている。そのほかに、このサービスを継続させるために、本を読んだ人と一緒に写真を撮ったり、読んだ本の感想を聞き出してウェブサイトに書き込んだりしてくれるボランティアもいる。こうした協力者のことを、ローラは「パトロン」と呼んでいる。この活動に賛同したポートランドの作家、スー・ザロカーもプロジェクトに参加している。さらに、貸し出し用の本をストックしておく場所を提供してくれる団体や、本を運ぶ自転車を駐輪させてくれる場所を提供してくれる団体もいる。ひとりの思いつきから始まったプロジェクトが、ポートランドのさまざまな主体の協力によって少しずつ大きな活動へと発展している。

本の貸し出しは無料で、延滞料金も返却日も設定されていない。それでもローラの人柄もあって、本が返ってくる割合はかなり高い。普段、本を読む機会がないという路上生活者たちからは、本を読む機会を得て「読んでいるときは現実を忘れることができる」「勇気づけられることがある」などの感想が寄せられるという。こうした感想を聞き、次のお奨め本を紹介するのがローラの役目だ。路上生活者に対するブックコンシェルジュとしての役割を果たしているのである。

社会的な課題に取り組もうとするとき、多くの仲間と資金を集めなければプロジェクトを始められないと考える必要はない。ローラのように、自分が好きな本を少しでも多くの人に読んでもらいたいという気持ちと、それに対して自分ができることから始めるという行動力があれば、徐々に仲間や資金が集まってくる。小さなことでもいいから、まずは活動を開始することが重要なのである。

ゴミと資源を見つめる航海

24 Project Plastiki

例えばペットボトルを道ばたに捨てるとする。あるいはコンビニなどで商品を入れてもらうポリ袋を捨てるとする。雨が降ると、こうしたゴミは河川へと流される。河川を流れたプラスチックゴミは、やがて海へと流れ出る。海を漂ったゴミは海洋生物に絡み付いたり、間違えてゴミを食べた海鳥や魚の胃袋の中に張り付いてしまったりする。プラスチックゴミは、資源を大量に使うというだけでなく、ゴミとして海に流されることによって海洋生物を死に至らしめる原因にもなっている。1年間に、約100万羽の海鳥と10万匹のほ乳類やウミガメが海洋のプラスチックゴミに絡まったり、誤って食べたりして死んでいるという。

こうした事実はあまり知られていない。他にも、太平洋の中央にほとんど風が吹かないため海水が停滞している場所があり、そこが「太平洋ゴミベルト」と呼ばれる巨大なゴミの集積地になっていることや、その集積地の直径が1,600kmにも及ぶということなどもである。1,600kmといえば、青森県庁から山口県庁までの距離である。これが直径なのだから、日本列島の全面積よりも大きなゴミの集積地が太平洋のどこかに存在するということだ。

こうした課題に取り組むために立ち上がったチームがある。世界的な金融財閥であるロスチャイルド家の御曹司、デビッド・ロスチャイルドが設立した「アドベンチャー・エコロジー」である。ユニークな方法で社会の課題を世の中に知らせたり、解決法を実践したりすることを目的にした法人だ。現在はミューという社名に変更しているが、基本的な方針に変わりはない。

彼らが行ったのは、ペットボトルでつくった船に乗って太平洋ゴミベルトなどを航海すること。海洋汚染の実態を世界中に知らせることと、ペットボトルも使い方によっては新たなものをつくるための資源になるという事実を示すことが目的だ。ペットボトルでつくられた船は、1947年にトール・ヘイエルダールたちがアメリカ・インディアンとポリネシア人との類似性について検証するために航行した「コンティキ号」に敬意を示し、「プラスティキ号」と名付けられた。

プラスティキ号のデザインにおける基本的な考

え方は、「ゆりかごから墓場まで」ではなく「ゆりかごからゆりかごまで」。つまり、製品が生まれ、使われ、廃棄され、それがまた次の製品を生み出す資源になるというサイクルを考慮してデザインを進めるというものだ。設計に際しては、サステイナブルデザイン、造船、建築、物質科学などさまざまな専門家が集まって検討を繰り返した。

プラスティキは6人乗りで全長18m。1万2500本のペットボトルからできており、これが船の浮力の約7割をまかなっている。マストには使い古した灌漑用アルミパイプを再利用した。18m×12mの帆もペットボトルをリサイクルした原料からつくり、その接着にはカシューナッツとさとうきびからできたオーガニックな接着剤を使った。

航行の燃料は、風力をはじめ太陽光発電や自転車発電の電力など。雨を貯水したり海水を飲料水へと変えたりしながら生活に必要な水を得た。また、水耕栽培のガーデンなどを船上につくり、尿を再利用して堆肥として使っている。

サンフランシスコを出発し、太平洋ゴミベルトをはじめ、その他の海上ゴミのホットスポットを経由し、ツイッターやブログなどで情報発信し続けながらオーストラリアのシドニーをめざした。航行にかかった日数は3ヵ月。その間、ウェブサイトは112万回、写真共有サイトは63万回閲覧され、紙媒体による報道は300社に上ったという。ロスチャイルド自身がプラスティキに乗り込んで航海したこともあり、サンフランシスコを出発した日からシドニーに到着した日まで、各種メディアに注目されるプロジェクトとなった。海洋汚染の実態を発信し、プラスチックの新たな可能性を世の中に知らしめるという目的はある程度達成されたといえよう。

アートで変える スラムの未来

25 Project Favela Painting Project

26 Project Faces of Favelas

ブラジルのスラム街は「ファベーラ」と呼ばれる。不法占拠されたファベーラには、貧しい生活を強いられている人たちが多く住み着く。リオ・デ・ジャネイロには4人にひとりが住んでいると言われるほど大規模なファベーラがあり、その人口は年々増え続けている。ファベーラは都心部の周辺に生まれることが多く、居住者の多くは都心部で労働者としての仕事に就いている。

ファベーラに問題が多いのは事実だ。まずは土地の不法占拠。建築基準法に適合しない建築物群。違法な増改築。病気の発生やドラッグの蔓延など、さまざまな課題が存在する。軍や警察と抗争が起きることも多い。これまで行政はファベーラを一掃するような計画を立案し、いくつかのファベーラから住人を追い出し、公営住宅を建設したことがある。しかし、公営住宅に入れる人はごくわずかであり、残りの大部分はまたその周辺にファベーラをつくって住み始めてしまった。こうした施策を繰り返すうちに、ファベーラを一掃するのではなく、その場所に住むことを認めたうえで、しかるべきインフラ整備を進めるべきだという気運が高まった。そこで、下水道や電気などインフラを整備し、ファベーラで衛生的な暮らしが営めるような施策が採られた。

しかし問題は残されている。ファベーラではあいかわらず犯罪などが絶えない。さらに問題なのは、都市部で何かトラブルが起きると、それらがすべてファベーラの存在が原因だとされてしまう点である。オランダ人画家のアーハーンは「ファベーラはブラジルに存在するすべての問題の原因とされている。いわばスケープゴートにされているのである」と指摘する。こうした認識を変えるために、ファベーラの若者の意識を変え、景観を変え、外部からのファベーラに対する評価を変える必要があった。そこで、アーハーンとコールハースというふたりのオランダ人画家がある試みを開始したのである。

当時、コールハースとアーハーンは、MTVの番組を撮影するため、リオ・デ・ジャネイロとサンパウロに滞在していた。2006年のことだ。このとき、ファベーラの問題に気づき、「ハース・アンド・ハーン」という団体を立ち上げ、ファベーラ・ペインティング・プロジェクトを始めた。彼らが行ったのはファベーラに入り込み、地域の若者たちを訓練し、ファベーラの建物の壁にペインティングできるような技術を身に付けるよう支援することである。手始めにふたつの地域で巨大な壁画を描き、ファベーラの景観を美しく生まれ変わらせた。これを見た他の地域の若者たちも、ペインティングの技術を身に付けることを望み、次第にファベーラの景観は改善されていった。ギャングになる若者が多かった地域で、プロジェクトに参加したことによって若者は別の仕事を得るようになることが多くなった。

壁画を見に来る観光客が次第に増え、若者たちは自分たちの技術に誇りを持ち、自分たちが住む地域の良さを実感した。これと連動して若者たちの就職率も上がり、徐々にファベーラの環境が良くなっているという。

ファベーラに関するプロジェクトとして興味深いプロジェクトがもうひとつある。「フェイス・オブ・ファベーラ」だ。フランス人アーティストのJRが始めたプロジェクトで、地元の人の顔が映った巨大な写真を、ファベーラの屋根や壁に貼付けるというものである。当初はパリの低所得者層が暮らす地域で行っていたが、ブラジルのファベーラを対象としたプロジェクトへと発展した。

きっかけはファベーラで起きた軍とギャングとの抗争によって3人の少年が命を落としたことだ。この事件を知ったJRは、ファベーラの階段で亡くなった少年のうちのひとりの母親の顔写真を拡大して貼り付けた。ファベーラには取るに足らない住宅が並んでいても、そこに住んでいるのはそれぞれ家族を持った人間であるということをファベーラの外から見ても分かるように表現したという。

ファベーラにある橋の側面に住民の顔写真を貼ったプロジェクトでは、「リオにあるのはサンバや美しいビーチだけではない。美しい側面と貧しい側面を持っている。この橋の下では子どもが麻薬をやっているということを知ってほしい」というメッセージが込められた。拡大された顔写真を屋根や壁面に貼り付けることによって、写真を貼られた本人の自尊心に訴えかけるとともに、地域の課題をわかりやすく市民に伝える効果がある。JRは「ファベーラの壁や屋根に貼られた写真は通りすがりの人ではなく、同じまちで一緒に暮らしている市民なのだということを多くの人に知ってもらうことが重要だ。このプロジェクトは長期に渡って続けて行きたい」と言う。

JRの作品には女性がよく登場する。「僕は写真

を通じて女性を称えたい。平和な時代にもかかわらず、戦争の標的にされたり、差別されたりしながらも、強さや勇気を持って生きている女性たちに敬意を表する」。ファベーラの屋根に貼り付けられた女性の顔は、今やグーグル・アースなどの衛星写真サービスを通じて世界中の人たちが目にすることができる。

5万人が集うデザインアーカイブ

27 Project by Architecture for Humanity
Worldchanging

ソーシャルデザインを考える際、アメリカで開催されているTED会議の影響力を無視するわけにはいかない。テクノロジー、エンターテイメント、デザインの頭文字を取ったTEDは、1984年に身

キャメロン・シンクレアとアーキテクチュア・フォー・ヒューマニティ

Cameron Sinclair & Architecture for Humanity

アメリカを拠点に世界中で活動する建築系NPOであるアーキテクチュア・フォー・ヒューマニティ(Architecture for Humanity / AfH)は、社会的な課題を抱えた地域に建築的な解決策を提案したり、建築の専門家を派遣している。とくに、建設に関わる資源や技術が不足している地域に対して、単に雨や風をしのぐだけの建築物ではなく、地域の材料を使い、住民が力を合わせて革新的なデザインの建築物を実現させることを目的としている点がユニークである。一般的に、難民キャンプや仮設住宅などは最低限の機能を満たすようにつくられることが多いが、AfHはそうした境遇にいる人たちにこそ革新的なデザインの空間を提供すべきだと考えている。

実際に建設プロジェクトを推進するだけでなく、社会的な課題を解決するための建築設計コンペやワークショップを開催したり、教育プログラムなどを実施している。さらに、世界中のソーシャルデザインプロジェクトを紹介する事例集を2冊出版するなど、情報発信にも力を入れている。

AfHは、1999年に建築家であるキャメロン・シンクレアが中心となって設立した非営利組織である。当時、ニューヨークにある建築の組織設計事務所に勤務していたキャメロンは、コソボ紛争によって多くの難民が生活に苦しんでいることを知り、彼らのためのシェルターを考えようとしていた。そのシェルターは、難民が長期間利用するものであり、かつ短期間でつくり上げなければならないものだった。そこで、シェルターのデザインをインターネットで募集したところ、30ヵ国から220案が届くことになる。「友人などを通じて告知しただけの簡単な設計コンペだったので、5案くらい集まればいいかな、と思っていたんだけどね」とキャメロンは振り返る。集まった案を丁寧に読み込み、5つのプロトタイプをつくり、それらを実現するための寄付金を募集した。その結果、1000

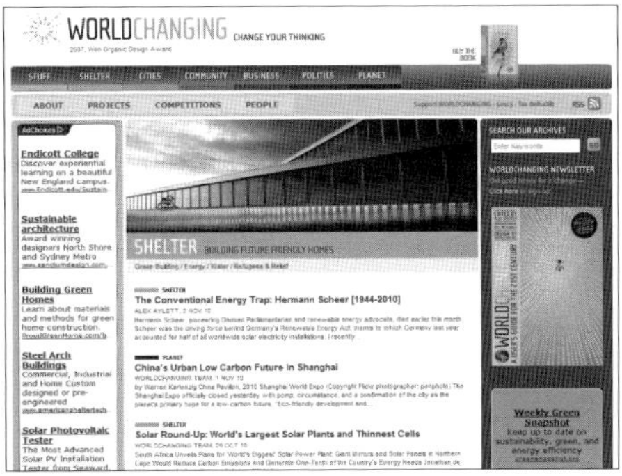

内の集まりから始まり、いまや世界的な会議へと発展している。会議だけではなく、独自の視点から毎年3人にTED賞を授与しており、2006年にはキャメロンがこれに受賞した。受賞すると、TEDの人脈を使って「世界を変えるための願い」をひとつかなえてもらうことができる。キャメロンの願いは「課題に直面した地域を救う機会を生み出すこと」。そのために、建築環境を改善したいと考えている人たちがオンライン上に集い、協働できるプラットフォームづくりが必要だ、と提案した。

この提案を受けて、ソフトウェア開発会社のサン・マイクロシステムズ、ウェブデザイン事務所のホット・スタジオ、知的財産を保護するクリエイティブ・コモンズなどが参加し、2007年に「オー

万円の寄付金を集めることに成功する。寄付金とプロトタイプを使って、協力団体であるNPO法人ウォーチャイルド（War Child）がコソボの紛争地域に住宅や学校や病院を建設した。

コソボ難民のシェルターデザインを募集した第1回の設計コンペに続き、3年後の2002年には「エイズが広がる南アフリカで使う移動式の病院」のデザインを募集した。彼が主催するコンペは、事前調査が徹底されている。実際に何度も南アフリカに足を運び、専門家や住民へのヒアリングを繰り返し、エイズ患者の増加の根本的な原因を把握し、それが解決できない事情を整理する。こうした調査を経て、移動式の病院というプログラムが決まり、その規模や必要な居室、設備などが確定する。コンペでは、こうした条件を提示したうえで革新的なデザインを募集するというわけだ。第2回のコンペには、53ヵ国から500案以上のデザインが集まった。

こうした経験を経て、「世界には社会的な課題の解決に貢献したいと思っているデザイナーがたくさんいる」ということを確信したキャメロンは、設計事務所を辞めてNPO法人を設立する。2002年のことだ。さらに知り合いの弁護士に無償で手伝ってもらい、2003年には認定NPO法人となった。2005年までニューヨークで活動したAfHは、3度の引越しを繰り返し、現在ではサンフランシスコを拠点としている。その間、多くの協力者が集まり、プロジェクトが生まれ、これまでに28ヵ国で245を超えるプロジェクトが完成している。70万人以上の人がAfHによって建設された建築物で生活し、教え、働いていることになる。世界各地でプロジェクトが進むため、支部は13ヵ国52ヵ所に存在し、合計で6,470人のプロボノデザイナーがAfHに登録している。

プン・アーキテクチュア・ネットワーク」というウェブサイトを開設した。このサイトには、世界中の建築家やデザイナーたちが図面データをアップロードでき、集まったデータの中から好きなものをダウンロードできる。災害復興など緊急を要する建設事業の場合、多くの図面の中から似た条件のものを選び出し、それをオンライン上で多くのデザイナーたちとブラッシュアップし、実際の建設に活用することができる。こうしたやりとりには、地域の住民も加わることができ、設計プロセスに多くの意見を反映させることができる。

すでに3,000以上の図面データが共有されており、1ヵ月あたりの利用者は5万人に上る。35,000人以上の会員がこのサイトに登録している。建築図面をオープンソース化した初めてのウェブサイトだと言えよう。

2011年には、持続可能な社会をめざす革新的なアイデアを紹介する非営利オンラインマガジン「ワールドチェンジング」を統合し、サイト名を「オープン・アーキテクチュア・ネットワーク」から「ワールドチェンジング」へと変更した。

都市のスキマに環境配慮の住空間

28 Project by Architecture for Humanity
Life in 1.5 x 30

バングラデシュの都市部には、グレースペースと呼ばれる隙間が点在する。政府による開発と民間による開発との隙間に生じた、どう位置づければいいのかわからない余剰空間のことである。この種の空間は、狭かったり、日が当たらなかったり、アクセスが悪かったりするので、ゴミ捨て場になっていたり小規模店舗が入り込んでいたりするが、いずれも劣悪な環境となっている。

都市部に集まる人たちが働くための場所がないことは、バングラデシュの課題のひとつでもある。一方で都市部にはたくさんのグレースペースがある。このスペースを働く場にすることができれば、多くの人が働けるようになる。そう考えたのはAfHのダッカ支部である。ダッカ支部には、グレースペースを有効に使う相談がいくつも持ち込まれていた。そのうちのひとつが、細長いグレースペースにおける店舗と住宅の設計だ。依頼主はグレースペースでお茶の屋台を営んでいるが、あまりに劣悪な環境であるため建築の改修設計についてダッカ支部に相談したというわけだ。

相談を受けたダッカ支部は、同じようにグレースペースを使って仕事をしている小規模事業者のやる気を高めることができるような建築づくりをめざした。同時に、環境負荷の少ない建築づくりを心がけることによって、環境への意識を啓発したいと考えた。もちろん、衛生面、エネルギー面、経済面の改善もテーマである。こうした改修が注目されると、小規模事業者が置かれている状況を広く知らしめることができるうえ、都市計画上の課題であるグレースペースにひとつの活用方法を提示することができる。そうした意味でも強い影響力をもつプロジェクトであったと言えよう。

とはいえ、敷地条件はかなり厳しいものだった。敷地の長さは9mだが、幅は広いところで1m、狭いところだと45cmしかない。この場所に2階建ての店舗兼住居を設計しようというのである。まさに極小建築だ。ダッカ支部の建築家たち

は、狭いからこそ自然採光や自然換気システムや代替エネルギーを利用した建築づくりを心がけた。最も狭い場所には緑の空間をつくり、小さな水槽を設けて雨水を貯留することにした。建設のための資材は再利用した木材や合板パネルなどで、プロジェクトに参加した地域の建築学生たちが周辺から集めてきたものばかりである。カラフルなファサードは、狭い間口にもかかわらず多くの人の目を引くことになり、お茶の売れ行きも上々だという。このプロジェクトを通じてAfHダッカ支部は、都市部のグレーゾーンを快適に活用する建築的な方法を提示したのである。

干ばつから村を守る希望の大屋根

29　Project by Architecture for Humanity
Mahiga Hope High School Rainwater Court

　ケニヤの中山間地域にマヒガ・ホープ高校という学校がある。1,500人の村の中央にある高校だ。地域住民のほとんどが自給自足の農家として生計を立てている。農家にとって雨の水は大切なものだ。もちろん、学校にとっても水は貴重である。ところが4年間にわたって干ばつが続いた時期があった。水道管は1年間のうち2週間しか稼働しない。井戸を掘るための資金もない。だったら雨水を集めるシステムをつくるしかない。2008年に学校からの相談を受けたNPO法人ノーブルティ・プロジェクト（Nobelity Project）のメンバーはそう考えた。そこで、既存の学校の屋根沿いにある樋の水をすべて1ヵ所に集め、その水を紫外線処理する仕組みをつくった。数十万円の経費がかかったものの、これによって最低限の水を確保することができた。

　これをきっかけにして、学校でもっと多くの水を手に入れようという話が持ち上がった。学校で水が確保できれば、子どもたちは水を汲みに行くために何kmも歩かなくて済み、勉強のための時間をつくることもできる。安全な水を使って給食だって提供できる。衛生面を確保して、病気の流行を防ぐことも可能だ。

そこで、ノーブルティ・プロジェクトは資金調達のためにAfHとスポーツメーカーのナイキが運営する「ゲームチェンジャー・デザインチャレンジ」事業に応募した。この事業は地域におけるスポーツ施設の建設を応援するものであり、建設費の7割をナイキが負担し、建設のアドバイザーとしてAfHから専門家が派遣されるという事業フレームだった。ノーブルティ・プロジェクトが提案したのは、屋根付きのバスケットコートをつくることによって、高校生たちの体力向上をめざすとともに、コートの屋根に降った雨水を集めて消毒し、水を学校運営に活用しようというものだった。この提案が採択され、建設資金と専門家派遣を得ることができた。

バスケットコートは大きな金属の屋根で被われており、太陽光パネルが設置され、雨水を効率的に集められる形状となっている。コートだけでなくステージなども設置されているため、結婚式や映画上映、地域の会議などに活用されている。

建設には、教職員、地域住民、建築家が参加した。オープニングには1,000人以上の人が集まった。その時点で3ヵ月は雨が降っていなかったのだが、バスケットのオープニングゲームの最中から徐々に雲が出てきて、最後のシュートがバスケットゴールに入ったとき、雨が降り始めた。

その後もノーブルティ・プロジェクトによって図書館、科学室、キッチンとダイニングなどが建設され、高校生たちがさまざまな学びを体験できるようになった。その結果、地域にある600の高校で最低だった平均成績が、18ヵ月後にトップクラスになる快挙を成し遂げたという。

東北で甦った
みんなの食堂

30　Project by Architecture for Humanity
ひかど市場

AfHは東日本大震災が発生した直後から被災地の復興に向けてアメリカで動き出していた。3月11日からホームページにて募金を呼びかけ、集まった1億1000万円を元に「東北復興プログラム」を開始した。東北復興の建築的なプロジェクトを募集し、効果的だと判断したプロジェクトに建設資金の補助や専門家の派遣などを行う。そのうちのひとつに「ひかど市場」がある。

震災前に気仙沼市で営業していた「ひかど食堂」は地元客や観光客で賑わっていたが、津波の被害で閉店を余儀なくされた。店主は数週間後から軽トラックでラーメン屋台を始め、ボランティアや地元住民にラーメンを食べてもらうことにした。「ひかど食堂」があった広場で営業することが多かったが、ガレキ撤去の現場へ出かけてラーメンを提供することもあった。そのうち、雨の日のことなども考えると、屋根付きの食事空間が必要だと感じるようになる。そこで、津波の被害にあった住宅から資材を提供してもらって、食堂の外に屋根付きのデッキをつくろうと考えた。この地域には周辺に50の仮設住宅が建っているため、そこで生活する人たちが集まることのできるような場所をつくろうと考えたのである。

AfHの日本在住デザインフェローがこの計画を知り、「東北復興プログラム」から資金を調達することにした。AfHではこの再建作業をなるべく地元の人たちと進めたいと考えていたが、大工は東北復興のためさまざまな場所に呼ばれていた。そこに福島からの避難者で、手伝いを志願してくれる大工が現れた。こうして彼と地元住民が力を合わせてデッキ広場と10の店舗ブースの建設が始まった。

まずは敷地に生えていた大きなクヌギが倒れてしまったので、そこから材料を取り出して椅子や机をつくった。屋根には、廃棄処分になる前のガレキから探し出してきたスレートを貼り付けた。被害を受けた住宅の持ち主が、廃棄処分になると思っていた自宅の材料が再利用されることを喜び、積極的に材料を提供してくれたのである。

こうして多くの協力を得ながら「ひかど市場」は2011年7月7日に完成した。仮設住宅で生活する人たちが集まり、食事したり会話したり、ゆっくりと海を眺めたりできる場所になった。いまではコミュニティを醸成するための大切な空間として地域にとけ込み、席を確保するのも難しいくらい人びとが集まる場になっているという。AfHはその後も独自の手法で東日本大震災の復興に関する多くのプロジェクトに関わっている。

誇りを取り戻す

31｜「食べられる校庭」の教育革命

32｜がん患者を受けとめる「家」

33｜まちを明るくするロープウェイ

34｜コミュニティのつながりで甦った公園

35｜コミュニティとともに成長する職業訓練センター

《セルジオ・パレローニとベーシック・イニシアティブ》

36｜小学校建設からはじまった非居住地区の草の根再生

37｜見棄てられた荒れ地に地域医療の拠点を

38｜超短工期の明るい図書館

39｜手づくりソーラーの素朴な給食調理センター

40｜地域交流の「橋渡し」計画

41·42｜私たちのまちを美しく!

43｜歴史遺産をつなぐ川の上の学校

誇りを取り戻す

「食べられる校庭」の教育革命

Project　**Edible Schoolyard**

31

農園内にある屋外教室。藁でつくった円形ベンチに座って先生の話に聞き入る生徒たち

農園の入口に立てられた生徒たちの手づくり看板。園内では鶏も飼育されている

アメリカ西海岸のバークレーという街に、校庭の一部を農園に変えてしまった中学校がある。「食べられる校庭」と呼ばれているマーティン・ルーサー・キング・ジュニア中学校の農園からは、季節ごとにさまざまな野菜や果物が収穫される。農園の横にはキッチンが入った小屋があり、生徒たちが収穫物を料理して食べることができる。農園にはガーデン教員が、キッチンにはシェフ教員がいて、土や植物や料理を通じてサステイナブルな暮らしについて学ぶことができる。この場所はもともと学校の駐車場だった。生徒と教師と地域住民が協力して、アスファルトを剥がし、土を耕し、堆肥を加え、立派な農園へと変えていった。キッチンは駐車場の隅にあった小屋を改装してつくられた。

きっかけは、アメリカで有名なオーガニックレストラン「シェ・パニース」のオーナーシェフ、アリス・ウォーターズの提言だった。彼女は毎日、自宅からレストランへ移動する際にキング中学校の前を通っていた。この中学校は全校生徒が約1,000人のマンモス学校で、白人の生徒は約3割。ほかにアフリカ系、ヒスパニック系、アジア系、イスラム系移民の子どもたちが通っていた。校内では22ヵ国の言語が話されており、複雑な民族的背景があったために学校をひとつにまとめるのが難しかった。その結果、常に生徒たちのいさかいが絶えず、壁には落書きがあり、芝生は焦げていて、窓ガラスは割れていた。ウォーターズはシェフになる前に、五感を養う体験的プログラムで知られるモンテッソーリ教育の教員をしていたこともあって、荒れた中学校の前を通るたびに、何とかしてこの学校を立て直したいと考えていた。ある雑誌の取材でそのことを語ったところ、ウォーターズのもとにキング中学校の校長から連絡があり、中学校の再生に協力してほしいと請わ

農園以前の、アスファルト舗装された駐車場

れた。1994年のことである。

ウォーターズが提案したのは、食べ物を育てて、調理して、食べることを通した教育である。そのために、中学校の駐車場を農園にして食育のプログラムをつくることになった。3年間で300人の生徒、10人の教職員、100人以上の地域ボランティアが関わり、農園をつくった。周囲には柵が無い。いつでも地域住民が農園を散歩できるようにしたのだ。中学生は自分たちの農園について地域住民に自信を持って語る。農園を介して、学校とコミュニティのつながりが生まれたのである。

生徒たちは、野菜の栽培や調理を学ぶだけでなく、効率的に作業ができる農園の面積を算出したり、水と土壌の性質を調べたり、古代人の食事を調べたりすることで、算数や理科、歴史を学んでいる。美術の時間には植物やガーデンの絵を描き、国語の時間にはガーデン活動に関する作文を書く。そして、クラスの仲間や地域住民と協力して野菜を育て、それを料理して食べることを通じて、食卓に着くことの楽しさ、体を動かして働く喜び、コミュニティの本当の意味などを体感している。農園を通じて、子どもたちはさまざまなことを学ぶことができるのだ。

駐車場だったころからの小屋を改修して新設されたキッチン

農園を通じた授業は、雑草などを使った有機堆肥づくりから、収穫、調理、鶏の世話まで幅広い。
一連のプログラムを通じて中学生たちは地球と自分たちとのつながりを学び、食べる喜びを知る

キッチンの前の木陰に長さ20mのダイニングテーブルがあり、クラス全員がテーブルを囲んで食事を楽しむ

農園に生まれ変わった校庭。広い敷地にところせましと野菜が植えられている

農園づくりを通じて道具を大切にする心を身につける

ウォーターズには、アメリカの子どもたちがファストフードばかり食べていることに対する危機感があった。ファストフードの食べ過ぎは身体によくないことだけが問題なのではない。家族で食卓を囲む機会を奪っていることがもっとも大きな問題なのである。すべての教育の基本は「手本」にある、とウォーターズは言う。「私たちは互いを認め合い、敬わなければなりませんが、その行為を学ぶ最良の場所が家族の集う食卓なのです。しかし、家族がそろって食事をする機会はますます減っています。だからこそ、そのことを子どもたちに伝え教えるために、学校に何ができるかを考え始めなければなりません。家庭の食卓が長い間培ってきたことを学校が担わなければならないときがきたんだと思います」

いまでは、「食べられる校庭」での活動は、キング中学校で行われるすべての行事のなかでも体育に次いで2番目の人気授業になっている。「ガーデンで採れたおいしい食べ物を食べるという身体的な喜びは、地球と自分自身にとって正しいことをしているという道徳的な満足感を伴っているのです」

キング中学校から始まった食育農園エディブル・スクールヤードは、瞬く間にカリフォルニア州全体に広がった。現在では、幼稚園から大学まで3,000以上の学校に同様の農園が存在している。学校の周辺地域でつくったオーガニックな野菜を給食のために買い取り、自分たちが育てた野菜とともに生徒が調理するような活動も一般的になってきている。そのことが、地域の持続可能な農業を支援し、コミュニティへお金を還元することにもなっている。

「これは食で教育を考え直す革命的な道であり、私はデリシャス・レボリューション、おいしい革命と呼んでいます」とウォーターズは笑う。

みんなの顔がほころぶ至福のひととき

誇りを取り戻す

がん患者を受けとめる「家」

Project　Maggie's Centre

32

マギーズセンターのリビングは家庭的な雰囲気。スタッフも普段着。コンバージョンされたグラスゴーの建物は地元建築家によるデザイン

現在、日本人の3人にひとりががんで亡くなっている。がんは30年前から日本人の死因第1位であり、患者の数は今も増え続けている。

イギリスも同じ状況だ。現在も200万人が、がんとともに生きている。患者数は毎年30万人ずつ増えている。

この国では医者ががん患者にかけられる診療の時間はひとりあたり7分と言われている。患者や家族が抱えるさまざまな心配事について、ゆっくりと相談にのることもままならない。

1988年、病院で乳がんを宣告された女性がいた。ランドスケープデザイナーのマギー・ジェンクスだ。医者から自分ががんだということを知らされ、気が動転し、大きな不安に襲われ、泣き出したい気持ちをこらえているとき、看護師は丁寧にこう言ったという。「次の患者さんが待っているので廊下に出ましょう」。患者の気持ちを受けとめる場所をつくる必要がある、とマギーは考えた。

マギーは言う。「がんになるというのは、地図もコンパスも持たずに飛行機からパラシュートで敵地に降りていくようなものです」。自分がどの方向へ向かって進めばいいのかもわからず、適切な情報も与えられず、武器も持たず、近づいてくる死におびえるばかり。そんながん患者を助けるために、彼女はがん患者支援施設「マギーズセンター」の設立に向けて尽力した。

地元建築家によるコンバージョンで、1996年にエディンバラで実現した最初のマギーズセンター

「死の恐怖の中にあっても生きる喜びを失わないこと」。これがセンターのミッションである。そのために、適切な情報の提供、社会的なケア、感情面のサポート、金銭面や栄養面のケアなどを行う。患者だけでなく、家族や友人も利用することができる。

建物は小規模で家庭的な雰囲気を持つデザインだ。現在、イギリス各地に7ヵ所のセンターが存在する。いずれも病院の敷地内にあるが、別棟として建てられている。マギーズセンターでの相談内容が医師に伝わり、治療が不利にならないかと患者が心配しなくて済むための配慮である。

センターの設計にもマギーの考えが反映されている。いわゆる病院とはまったく違う。まず受付がない。予約なし、完全無料で利用できるため、自分が患者としてではなくひとりの人間としてセンターに入ることができる。センター内にはトイレにいたるまで案内サインがない。友人の家に遊びに来たような雰囲気だ。どのマギーズセンターにも中心にはキッチンテーブルとキッチンがある。お茶を飲んだりお菓子を食べたりしながら、ほかの人たちと話ができ、自分はひとりではないと感じられる。誰もがその場所にいてもいい理由をつくり出してくれるのがキッチンだ。そのほか、15人程度の人が集まれる部屋と個別の相談にのることができる小さな部屋、図書室などがある。ひとりで泣いても大丈夫なようにトイレには顔を洗って化粧直しするスペースがある。

がん患者は常に甚大な不安を抱えている。診断されたその日から不安が募り、孤独になるし絶望感を味わう。がんの種類は250以上あって、どれが自分に適している情報なのかも判別しづらい。いったん治療が済んでも再発の恐怖に苛まれながらの生活となる。

当人だけではない。家族や友人も患者のために何をすればいいのかが分からない。一家の生活を支えるために大変な日々が続くし、患者本人にもストレスが伝わる。

センターは、美術館のように魅力的であり、教会のようにじっくり考えることができ、病院のように安心でき、

明るい雰囲気のエジンバラのインテリア

フランク・ゲーリー設計によるダンディーのセンター。建築はマギーの遺志を継いでランドスケープと一体的に考えられている

リビングとキッチンはつながっていて、プランの中心に位置することが多い。大きな開口から光が注ぐロンドンのセンターはリチャード・ロジャースらによる設計(左)。白で統一された室内空間はザハ・ハディド設計によるファイフのセンター（上）

開口部の広いダンディーのキッチンとリビング

グラスゴーのインテリア。センターはいずれも開口部が広く、風景がよく見えるように配慮されている

家のように帰ってきたいと思えるデザインだ。それぞれのセンターは、フランク・ゲーリー、ザハ・ハディド、リチャード・ロジャース、黒川紀章、レム・コールハースなど、世界的な建築家たちが無償で設計している。みなマギーの夫、建築批評家であるチャールズ・ジェンクスの友人である。いずれの建物にも大きな窓があり、外の風景がよく見えるようにしている。ランドスケープデザインはチャールズ・ジェンクス自身が携わることが多い。建築とランドスケープが一体的な環境をつくり、それが患者の不安を軽減するという考え方に基づいている。

センターでのプログラムは、個人的なカウンセリング、アロマセラピー、グループエクササイズ、栄養指導など。家族と一緒に受けるカウンセリングもある。これまで料理したことのなかった夫が妻のために料理を学ぶ講座も開かれている。

スタッフは看護師、放射線療法士、臨床心理士、栄養士ら5名と数名のボランティア。いずれも普段着だ。センターまで来るのが困難な人に対するオンラインのサポートも充実している。

マギーズセンターは地域住民や企業の寄付によって建設され、運営されている。センターの特徴的なデザインは地域の誇りとなり、それが寄付を促している。多くの人の協力と建築家の努力があってマギーズセンタープロジェクトは始動した。

1995年に亡くなる直前、マギーは自身がデザインした自宅の庭でくつろぎながら「私たちは幸運ね」と夫に言ったという。翌年、最初のマギーズセンターが完成した。現在、イギリス国内で新たに4ヵ所が計画されており、さらにバルセロナや香港でも計画が進んでいる。日本でも緩和ケアの試みがはじまり、マギーズセンターの取組みは世界中に広がりつつある。

患者への配慮から、センターは既存の病院から離れて建てられている。正門の横に建つグラスゴーのセンター（左上）、オレンジの配色が特徴のロンドン（左下）、シャープな外観のファイフ（右上）、マギーの夫チャールズ・ジェンクスがランドスケープを設計したハイランド（右下）

誇りを取り戻す

まちを明るくする
ロープウェイ

Project　**Metro Cable**

33

都市周辺の丘の地形に沿って建てられた低層住宅。中央の尾根筋上にロープウェイが通る

ロープウェイは高層ビルが立ち並ぶ都市部と低層住宅が密集する丘の頂上を結ぶ

ベネズエラの首都カラカスは、周囲を小高い丘に囲まれた都市である。丘にはびっしりと低層住宅が張り付いている。その上空をロープウェイが滑らかに移動する。市街地の中心部にある地下鉄の中央公園駅から出発。丘の稜線に沿って住宅密集地内に設けられた3つの駅を経由し、別の地下鉄の駅までつないでいる。

ロープウェイの総延長は2.1km。ゴンドラは8人まで乗れるサイズであり、1時間に1,200人を輸送する能力を備えている。住宅密集地の隙間に建てられた駅は、いずれもスチールの屋根とコンクリートのスラブを持ち、同じ素材と工法で構成されている。

利用者の期待を集めるのは駅に付随した施設だ。駅に寄り添って建設が進む5層の建築物には、ミュージックスクール、ダンススクール、図書館などの文化施設や、バスケットコート、プール、ランニングコースといったスポーツ施設が入る予定だ。駅によってはデイケアセンター、スーパーマーケット、コミュニティセンターなどが入る施設も計画されている。

各駅にはそれぞれ違った施設が入るため、利用者はロープウェイを使って必要な施設までアクセスする。運賃は市営バスの4分の1。住民が気軽に利用できる金額である。

ロープウェイの計画と駅の設計を担当したのは、建築設計事務所アーバンシンクタンクを主宰するアルフレド・ブライレンブルグとフバート・クランプナー。ゴンドラはオーストリアの企業、駅のグラフィックはパリのデザイン事務所がそれぞれ担当した。

ベネズエラは1970年代と1980年代に急速な経済発展を遂げた。その結果、首都カラカスには多くの人口が流入することになった。中心市街地には高層ビルが立ち並ぶが、それを囲む丘には低層住宅が密集して張り付く。こうした地域は、貧困、インフラの未整備、公共空間の欠如など、世界中の同じような地区と共通の課題を抱えている。これまでであれば、新しい街へとつくり変える方法が議論されただろう。しかし最近はそれほど単純な話にはならない。スラムの良さが見直されつつあるからだ。

アーバンシンクタンクのふたりは、もともとカラカス市内の別の設計事務所で働いていた。スラム問題に取り組みたいと思っていたふたりは、仕事とは別に研究チームをつくって現地でフィールドワークを入念に行った。さらに、地域コミュニティとともに何度もワークショップを実施した。その結果、曲がりくねった街路には通過交通が発生しないため安全であること、街路や階段を歩くことによって人が出会い、会

頂上の駅は住宅に接して建てられているが、ロープウェイは静かに移動するため騒音問題は発生していない

まっすぐ移動するロープウェイに対して、地上の道路は蛇行している。ロープウェイの駅にはバス停があり、蛇行した道路を走るバスに乗り換えることができる

密集する低層住宅の上空をロープウェイが移動する。再開発によって多くの住宅を破壊することなく、住民が必要とする移動手段を提供した

付帯施設によって乗降客以外にも地域の人びとが集まってくる

話が発生しやすいこと、自分たちがつくり上げてきた住宅や街路に愛着があることなどの魅力が整理できた。一方、急病人が出た場合、市街地の病院までたどり着くのに時間がかかること、市街地へ行くまでにバス停までの長い距離を歩くうえに、バスを2回乗り継がなければ出られないこと、その運賃が高すぎることなどの課題が明確になった。

フィールドワークとワークショップを重ね、ふたりはこの地域にロープウェイを通す計画を提案した。その理由は、①急峻な地形であること、②既存の街に対する最小限の介入で済むこと、③高い持続可能性と可変性を兼ね備えていることの3点。ふたりは言う。「彼らは計画やデザインを実現するための費用を持ち合わせていません。だからまず僕たちは無償で計画書をつくって彼らにプレゼントしたのです」。そして、ふたりは実現に必要な支援者を集めるため、住民とともにフォーラムを行ったりポスターをつくった。「その結果、研究所や政治家が応援してくれることになり、最終的にはチャベス大統領がこの計画の実行を後押ししてくれたのです」。そして彼らは独立して、研究会の名称を引き継いだ設計事務所を設立したのである。

アーバンシンクタンクのふたりが尊敬する人物のひとりに、パレスチナの建築家モシェ・サフディがいる。1960年代に彼が書いた『クルマ社会の後に我々は何をすべきか』という本にはかなり影響されているという。「地域コミュニティの人たちは基本的に歩行者です。歩きながらさまざまな人

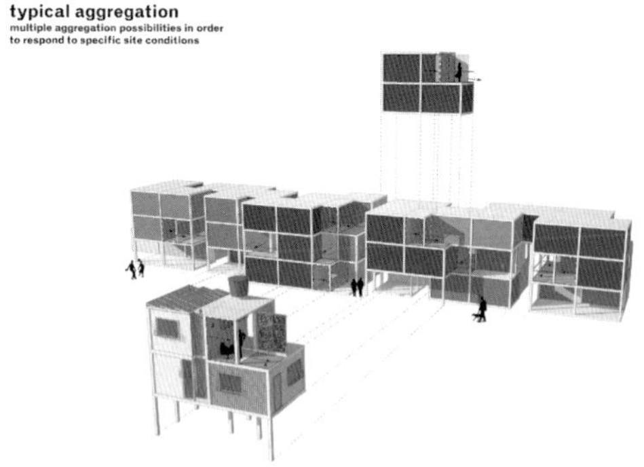

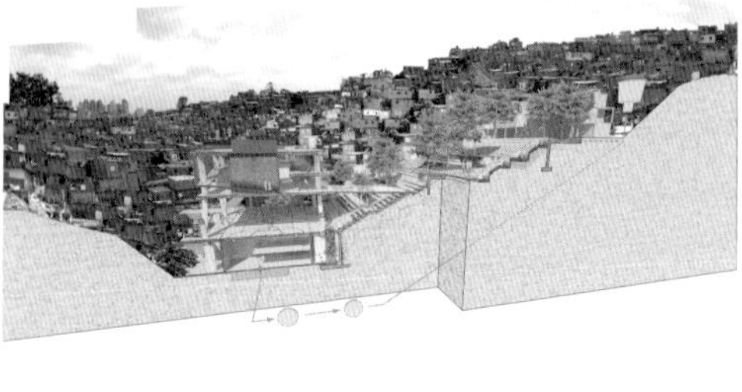

付帯施設の計画。すべての駅は同じ素材と工法を用いており、プログラムの違いによって空間が入れ替わる

と出会う。会話が生まれる。だからそれを壊したくない。クルマ社会になれば個別に移動し始めます。僕たちは単に交通ネットワークをつくりたいだけでなく、社会的なネットワークも維持したいと考えている。社会資本整備だけでなく、社会関係資本《ソーシャルキャピタル》も醸成したいんだ」

駅に付随した文化系プログラムやスポーツ系プログラムは、住民たちが集まるきっかけをつくり出すだろう。ロープウェイは午前6時から午後10時まで運行しており、市街地へのアクセスが向上したことによって新たな職を得た住民もいる。上空からの視点を意識して、住宅の屋根を葺き替えたり壁の色を塗りなおしたりする人もいる。こうしたスラムの着実な変化を見下ろしながら、ロープウェイは今日も彼らの頭上を静かに移動している。

駅にはスポーツ施設や文化施設が併設され、コミュニティ活動の中心となるよう計画されている

コミュニティのつながりで甦った公園

Project　**Perry Lakes Park**

34

ピクニックエリアのパビリオン。再整備のシンボルとして最初につくられた。休憩所や近隣の小中学校の野外授業にも利用される

ペリー・レイクス・パークは、2001年から2005年に渡って段階的にリニューアルされたアラバマ州の公園である。設計を担当したのはルーラル・スタジオ。アメリカにおけるソーシャルデザインのパイオニア的な存在だ。スタジオに所属する大学院生が、162haの園内にパビリオン、トイレ、歩道橋、鳥類観察塔などを毎年ひとつずつつくることで、ゆっくりとリニューアルされていった。4つの池と多様な広葉樹、そして鳥類観察塔からなり、いまやアメリカ有数の自然研究施設となっている。

この公園は1935年にアラバマ州でもとくに貧しいペリー地区に創設された。発端はフランクリン・ルーズベルト大統領のニューディール政策。巨大なダム建設が有名だが、一方では「市民保全部隊（Civilian Conservation Corps）」という若年失業者からなる部隊を結成し、森林の伐採や国立公園の維持管理作業を通じた職業訓練を行っていた。この部隊がつくったのがペリー・レイクス・パークであり、地区で唯一の公園だった。

ところが1970年に園内の池で利用者が溺れる事故が発生。管理責任が問われ、1974年には公園が閉鎖されてしまう。以来25年近く公園は放置されたままだったが、2000年ごろから公園の再整備を望む声が高まった。地元自治体、環境保護団体、鳥類愛護団体、地元政治家などが再整備に向けたプロジェクトを立ち上げ、地元の大学に所属するルーラル・スタジオに園内の拠点施設の設計を依頼した。

ルーラル・スタジオはアラバマ州のオーバーン大学に籍を置くサミュエル・モクビー教授とデニス・ルース教授によって1993年に設立された。建築学科の大学院生が所属し、基本設計のみならず、実施設計や施工にも携わっている。その特徴は、建築を設計するにあたって徹底的に地域コミュニティに入り込み、話合いのなかで設計の方針を決めるということだ。実際に地域に住み込む学生もいる。住民と学生が長い時間をかけて話し合うことによって、地域が抱えている本質的な課題を見つけ出したり、コミュニティ内の人間関係を理解したりする。

モクビーは、コミュニティを理解することが設計を進めるうえでとても大切だと考えている。したがって、スタジオ自体も大学構内ではなく、貧困層が多く住むヘイル地区にある。彼らの建築を構成する要素は、再利用されたもの、寄付されたもの、リサイクル素材などが多く、これがルーラル・スタジオの建築を特徴づけているといえよう。これまでに80以上のプロジェクトを手がけてきた。

2001年にペリー・レイクス・パークの再整備プロジェクトについて相談されたモクビーは、すぐに公園計画を策定し、2002年には園内のピクニックエリアにパビリオンを設計した。このプロジェクトには大学院生4人が参加し、修了制作として建設に取り組んだ。工費は250万円あまり。材料となったスギ材は地元住民による寄付であり、学生自らチェーンソーを持ってスギ林まで伐採しに行った。そのとき発生した木屑は、蚊の発生を抑えるためにパビリオン周辺に敷き詰めてある。屋根はアルミ材で仕上げてあり、暗くなりがちな林のパビリオンに光を採り入れるよう工夫した。車椅子でもアクセスできるようになっており、公園の休憩所としてだけでなく近隣の小中学校による野外授業のための教室としても使われている。

ピクニックエリアのパビリオンの建設プロセス。無加工で長持ちし、風化する過程が楽しめるスギ材を使いたかった学生たちは、地元からの山の一部の寄付が決まると、チェーンソーを手にトラックで山へ向かったという

園内の利用範囲を広げた歩道橋。近くで廃墟となっていた小屋の壁を、この橋の屋根材に利用した

鳥類観察塔としてはアメリカで一
番の高さとなった30mのタワー

展望台からの眺め。閉園されていた25年の歳月は豊かな森をつくり出した

2003年には、学生が園内に3つのトイレをデザインした。たんに既製品を持ち込むのではなく、地元の企業が寄付してくれたスギ材を使った特徴的なトイレをつくり、それらをデッキでパビリオンとつなげることで、車椅子でもアクセスできるようになっている。

翌年には利用されていなかった公園東部へのアクセスを確保するために歩道橋が設けられた。形の異なる三角形を組み合わせたトラス構造の橋で、屋根材には園内で廃墟化していた小屋の壁が使われた。

つづいて2005年には、歩道橋の先に鳥類観察塔がつくられた。近くの森林に防火目的として設置されていた塔を1,000円ほどで購入し、学生がそれを解体し、汚れを落とし、亜鉛メッキ加工を施したうえで公園に移設した。さらに木製階段、手すり、展望台を設置し、深い森を上から観察できるタワーが完成した。このプロジェクトに参加した大学院生4人は高所作業に関する訓練を受けたという。

一連の拠点整備により、ペリー・レイクス・パークは多くの人に利用

特徴的なトイレ。空が見える筒状の屋根、樹木を見つめるための横長の壁、地平線を眺める半地下タイプの3種類。トイレは、「利用者が誇りに思えるような設備を持つ施設にしたい」という想いを象徴する、この公園の「顔」となった

される空間として甦った。地元のコミュニティに若者たちが入り込み、話を聞き、人間関係を読み取るなかで、材料を寄付してくれる人と出会い、再利用できる材料のありかを教えてもらい、学生の作業を手伝ってくれる職人を紹介してもらう。その方法は、コミュニティのつながりを活かした建築の設計、施工であり、その結果として生まれた材料の使い方であり、お金の使い方であり、建築の形態なのである。「発展途上地域だと思われていたペリー地区にこの公園が誕生したことを誇りに思う」と市長は語っている。

サミュエル・モクビーは2001年に亡くなったが、ルーラル・スタジオは彼の遺志を引き継いで今もさまざまなプロジェクトに携わっている。

コミュニティとともに成長する職業訓練センター

Project　Sra Pou Vocational School

35

織物は地域の住民の手で織られたもの。明るい配色が醸し出す楽しげな雰囲気に、多くの人たちが集まる

カンボジアの中山間部にあるスラ・プウ村に、職業訓練校と公民館が併設された施設がある。落ち着いた赤い土色の外観が特徴の職業訓練センターは、地場の材料を用いて地元住民たちの手によってつくられた。地域の赤土からつくった日干しレンガを積んだ壁面には、ところどころに小さな開口部があり、そこから室内へと光が採り込まれている。地元の住民が織った色とりどりの布は網戸となり、建物の開口部を楽しげに彩る。この開口部の明るい雰囲気で多くの人が建築物に興味を持ち、気軽に入ってくる。

スラ・プウ村に住むのは、かつて都心のスラム街に住んでいた人たちだ。国の方針でスラムが一掃された際、強制的に中山間地域へと移住させられた。その場所には十分なインフラが整っておらず、学校もなく、まとまった収入を得るための仕事も存在していなかった。そこで、地域のNPOが職業訓練センターを建設して住民の生活をサポートすることになった。

センターを設計したのは、ヘルシンキを拠点に活動する建築設計事務所「ルダンコ＋カンクネン」である。この事務所は2010年に立ち上がったばかりで、ヒラ・ルダンコとアンシ・カンクネンのふたりが主宰している。ルダンコはニューヨークの設計事務所と一緒にプロジェクトを行っていた建築家であり、カンクネンはバーゼルのヘルツォーク・アンド・ド・ムーロンの事務所で働いていた建築家だった。

職業訓練センターをつくるプロジェクトは、ふたりがたまたま仕事をひと休みしてアアルト大学のデザインスタジオで学んでいた2010年にカンボジアを訪れたことがきっかけで始まった。地域のNPOからスラ・プウ村の話を聞き、大学の演習として職業訓

大学の演習で発案された計画が、地域の人びとの支持を得て、実現へと結びついた

練センターについて検討したのである。

最初は大学の演習課題にすぎなかったプロジェクトだったが、実際に多くの人が職業訓練センターの実現を望んだこと、彼らのデザインが住民たちに受け入れられたこと、NPOが賛同者を募って資金を調達したことなどによって、ふたりの案は実現されることになった。そこでふたりはあわてて設計事務所をつくり、センターの設計から現場管理まで取り組むことになったのである。

建設にはなるべく地場の材料を使うこととし、現地の工務店とともに作業を進めるようにした。なぜなら、このセンターを建設することもひとつの職業訓練だったからだ。地元で手に入る材料を使って建築物を建てることで、それを手伝った人たちはその後も同じような仕事に就くことができるからである。そのため、すべては手作業でつくられており、地元で手に入らない機械やプレハブは一切使っていない。工法も特殊なものは使わず、誰でもわかるシンプルなものとした。その結果、より多くの地元住民を建設時に雇い入れ、学んでもらうことができたのである。

センターは職業訓練のほかに、地域の住民が一緒に持続可能なビジネスを起業することをサポートしたり、コミュニティが民主的にものごとを決める際の集会所としての役割も果たしている。室内には作業場、倉庫、トイレなどが含まれ、建物のポーチ部分は屋外のコミュニティスペースとして使われている。

しかし、センターの用途や形態は状況に応じて少しずつ変化している。カラフルな手織りの網戸は最近つくりかえられたものである。雨季に雨の水がセンター内に入ってしまい、運営が一時ストップしてしまった。その結

特殊な機械やプレハブを使わず、誰もが参加できるシンプルな工法によって、建設作業は地域の住民自身の手で完遂された。ルダンコとカンクネンによれば、建て方はもちろん、日干しレンガづくりや網戸の製作もまた職業訓練だった

センターは職業訓練のほかに、地域の人びとが継続的な事業をはじめるためのサポート機能や、コミュニティの集会所としても使われている

地場の織物が使われた、建物を彩る鮮やかな網戸

果、雨季の激しい水にも強い開口部分のデザインと織物網戸のアイデアが利用者のなかから導き出された。

建物のメンテナンスや施設のマネジメントは、地域の利用者が主体的に携っていくことになっている。スラ・プウ職業訓練センターはコミュニティとともに成長し、生き続ける建築物なのである。

壁に穿たれた孔からの光で室内も明るく、人が立ち入りやすいように配慮されていて、地域住民が絶えず集まる

建物のポーチ部分は、オープンなコミュニティスペース

セルジオ・パレローニとベーシック・イニシアティブ

Sergio Palleroni & BaSiC Initiative

サミュエル・モクビー率いるルーラル・スタジオと同じく、大学生たちの実践的な学びの場としてセルジオ・パレローニが仲間と設立したのが「ベーシック・イニシアティブ」である。ベーシック・イニシアティブは、ポートランド州立大学とテキサス大学オースティン校の建築学部が共同して運営するスタジオで、課題を抱える地域に学生が入り込み、調査や分析を行い、解決策としての建築を設計したり施工したりするデザインスタジオだ。ルーラル・スタジオ同様、きわめて実践的なスタジオだという点が特徴的である。

過去20年に渡り、小学校、病院、子ども図書館、ランドリー、住宅、識字センター、都市菜園、井戸、貯水池、浄水施設、太陽光エネルギー設備、インフラの整備など、100近くの設計・建設プロジェクトを実施してきた。また、地域に建造物を建てるだけでなく、参加した地元のコミュニティメンバーを育成することにも力を入れている。各プロジェクトでは、その地域のコミュニティや環境との関係性を重視し、適切な技術を取り入れながら地域の価値をより高めるよう努めている。どのプロジェクトも環境負荷の少ない生活のあり方を考えるとともに、設計から施工までのプロセスを通じて地域住民と学生たちに建設の経験を提供している。

なぜ、パレローニはこのようなスタジオをつくろうと思ったのか。彼はオレゴン大学で建築を学び、マサチューセッツ工科大学大学院で歴史や論理学を学んだ後、10年近く国連や世界銀行をスポンサーとして途上国支援のプロジェクトに関わった。とくに、1986年に関わったメキシコのプロジェクトでは、都市化の影響を受けてスラム化する先住民族の居住地を支援するプロジェクトを生み出した。プロジェクトに携わった4年間に、地域の団体と話し合いながら彼らの住居をデザインし、自立した仕事ができるようになるまで生活や仕事に関する支援を続けた。その際、徐々に大学生たちが参加するようになった。そこで、1989年にはオレゴン大学とともに正式な大学生向けの教育プログラムをつくることにした。これがベーシック・イニシアティブにおけるプログラムの原型となっている。

1993年にワシントン大学の准教授となったパレローニは、それまで培ってきた経験を活かして実践型の教育プログラムを構築した。そして、1995年にスティーブ・バダンズとデヴィッド・ライリーと協働して、ベーシック・イニシアティブを設立する。モクビーのルーラル・スタジオが1993年設立だったことを考えると、アメリカでは同時期に大学生を対象としたふたつのソーシャルデザインスタジオが誕生していたことになる。

ベーシック・イニシアティブの教育プログラムは、全米の建築系大学協会の賞をはじめ、UNESCO、メキシコ、キューバ、インド、EU、アメリカナショナルデザインアワードなど、国内外のさまざまな組織から賞を受けている。

以下に、彼らのプログラムをくわしく見てみよう。

小学校建設から はじまった 非居住地区の 草の根再生

36 Project by BaSiC Initiative Esquela San Lucas

メキシコのサン・ルーカスにあるエスケーラ・サン・ルーカスは、不法定住者が集まって住む地区のひとつである。国内の景気が低迷し続けるなか、地方出身者が都市の周縁部に集まって不法に住宅を建てることによって、多くのスラムが発生した。エスケーラ・サン・ルーカスはそうしたスラムのひとつであり、人口が10年間で2倍になるほど多くの地方出身者が流入していた。

中山間地域に仕事がないからといって、簡単に都市に出てくることができるかというと、それほど甘いものではない。自分たちがこれまで耕してきた田畑やずっと住んできた住居、知恵や文化、親戚や友人関係など、すべてを捨てて都市へと移住するのである。しかも、結果的には都市周縁部にバラックを建てて不法に住み着き、低所得者として生活しなければならなくなる。そのことを知ったうえで都市へ移住するのである。相当の決意が必要だ。

1995年には、こうした都市周縁部のスラムが火山地域にまで広がっていた。しかし、火山地域はもともと人が住んではならない場所だったため、勝手に住み着いた人たちには電気も水道も何も供給されていなかった。それでも移住者たちは歯を食いしばって働き、生活を続けた。本人たちはそれでいいと感じていたという。ただひとつだけ心配だったのは、子どもの教育である。自分たちはこの環境を甘んじて受け入れるが、子どもたちには普通の教育を受けさせたい。こうした想いをメキシコ政府に何度も陳情したものの、居住区域ではないところに小学校をつくるわけにはいかないという理由で取り合ってもらえなかった。

そこで、地元住民は寄付を募り、自らの力で小学校を建設することにした。この設計を依頼されたのが、当時設立されたばかりだったベーシック・イニシアティブだった。当然、ベーシック・イニシアティブとしてもメキシコ国内における初めてのプロジェクトだった。学生たちは現地に入り、まずはその場しのぎの寝床を確保し、現地を調査し、小学校の設計を進め、計画図を地区に唯一

存在する交差点に貼り付けることによって、地域住民からの反応を待つことにした。

小学校の建設予定地は火山岩が転がる場所で、最初の仕事はこれらの岩を手で運ぶことだった。校舎は2年ごとに1棟ずつ建てられ、合計3棟立ち上がることになった。教室は採光を考えて東西軸に沿って建てられている。南側は壁だけを延長させることによって、夕方の西日を遮るような形態になっている。ただし、地域の人たちが農場へと通うルート上に校舎が建つことになったため、延ばした壁に穴やスリットを空けたり隙間をつくったりして、敷地内を通り抜けられるように工夫した。また、地域のイベントなどが開催できるパビリオンも建設された。パビリオンの柱は螺旋状に積み上げられたレンガ造りで、簡単なシェル構造がパーゴラを支えている。地域住民から割れた皿やグラスやボトルを集め、これをモザイク状に貼付けて装飾を生み出した。当初、地域住民はこの独特のデザインに驚いていたが、今では若者に最も人気のある結婚式場になっている。

小学校には貯水池も整備された。メキシコのコミュニティは貯水池を中心に形成されることが多いため、住民たちの貯水池に対する期待は大きかった。プロジェクトが進むにつれ、住民の協力がどんどん手厚くなった。はじめは日曜日に作業している学生に対して、地域住民が昼ご飯をつくってくれる程度だったのだが、徐々に平日にも食事を用意してくれるようになった。地区の男性数名がは時間があるときに手伝いにきてくれていたが、そのうち役割分担を明確にし、常に数名の男性が作業を手伝うようになってきた。住民たちは大槌や金槌を持って建設現場に現れ、バケツリレーでセメントを運んだり、コンクリートブロックをつくったり、構造用のブロックを積み上げたりした。また、先生たちの働きかけにより、将来学校に通うことになる子どもたちも施工を手伝うことになった。

地区に学校ができることは、そこで学んだ子どもたちがこの地区を将来的に抜け出すことになるかもしれない、という希望につながるという。それだけに、地域住民の期待は大きい。こうした期待を象徴する建物としての小学校をつくるプロジェクトは、地区の住民にとっても、ベーシック・イニシアティブの学生にとっても重要なプロジェクトだったに違いない。

見棄てられた荒れ地に地域医療の拠点を

37 Project by BaSiC Initiative
Casa de Salud Malitzin

エスケーラ・サン・ルーカスの小学校を建設した敷地からわずか1kmの場所に、誰も使わない三角形の土地があった。この土地は火山地域にある3つの地区のいずれからも必要とされなかった土地であり、敷地内には火山によって生じた亀裂や地盤沈下があちこちに見られた。敷地内の高低差は最大で7.6mにも及んだ。そのため、建設に向かない土地と判断され、3つの地区ともに手を付けなかったというわけだ。

これらの地区に共通した悩みは病院だった。地区に病院がないため、病気になると街の病院まで行かなければならなかった。子どもや女性の急病人が出ると、すぐに対応してくれる病院がないた

め、遠く離れた都市部の病院まで移動しなければならなかった。とくに女性は病院に連れて行ってもらえないこともあり、男性に比べて病院へのアクセスが制限されている状態が長らく続いた。こうした状態に対して地区の女性たちが立ち上がった。女性の健康維持と権利を主張する運動を起こしたのである。その結果、三角地に病院を建設

しようということになった。そして、近隣で小学校の設計や建設に携わっていたベーシック・イニシアティブに病院建設の相談が持ち込まれることになった。

起伏の激しい地形を調査したベーシック・イニシアティブの学生たちは、病院に必要とされるプログラムを分割し、建物も分棟方式で配置することにした。これによって地形の造成を最小限に留め、工事費を低く抑えることが可能になった。病院に必要なふたつの建物を敷地内唯一の平場につくり、診療所をそのなかに設けることにした。庭園は入口よりも1m低い場所に設けたため、サンクンガーデンとしていつも涼しく静かな場所になった。

学生たちが考えていた以上に敷地の高低差が激しく、また20年間ずっと地区から不要な土地として見なされていたため不法投棄が多かったこ

ともあり、建設に先立って敷地にあるゴミを撤去する作業が膨大だった。想像以上のゴミを処理するために多くの時間を使い、建設スケジュールは大幅に遅れた。そこで、病院の屋根は工場でのプレキャストとし、現場では簡単な組み立て作業だけで済むようにした。これによって工期を28日短縮することができ、地区の女性たちが望んだ工期に間に合うことになった。

病院のホールでは、定期的に健康診断が行われている。それだけでなく、家庭の経済的な相談や子どもの心理的な相談なども受け付けている。いわば、地域の生涯学習の場にもなっているのである。ベーシック・イニシアティブの手で、地区に小学校と病院ができあがったことによって、学校教育と生涯学習の場が実現することになったのである。

超短工期の明るい図書館

38

Project by BaSiC Initiative

Biblioteca Publica Municipal Juana de Asbaje y Ramirez

メキシコシティの南側に位置するモレロス州。ヒウテペック市の周縁部分に位置するホヤ・デ・アグア地区は人口1,000人ほどの農村地帯である。かつてはサトウキビ畑とその加工場として栄えたが、現在では不法定住者が多く住み着くスラムを多く抱える地区になっている。ここに住み着く不法定住者は、近隣の工業都市であるクエルナバカで働いていることが多い。ほかのスラムに比

べると人口密度も低く、インフラや住環境も比較的整った土地である。

メキシコでは、不法定住者のコミュニティに図書館が設置される例はほとんどない。とくに公立図書館が建設されることはまずないと言ってもいいだろう。当然、この地区にも図書館はなかった。ところが、地区に図書館がないと子どもたちが本に接する機会が著しく減少する。ヒウテペック市の中心部には中央図書館があるものの、子どもたちはそこまで行く交通手段がないため、結果として本を読むことができない。地区の母親たちは、長い間図書館建設を要望してきた。ところが行政はそれに応じてこなかったのである。

ワシントン大学で教鞭を執るパレローニは、地元シアトルの小学校でこの話をした。メキシコのある地域には図書館がないこと。母親たちが建設運動を続けているが、役所はなかなか図書館を建ててくれないこと。小学校の授業でこうした話をすると、クラスの女の子が自分の家にある本を寄付すると言い出した。これをきっかけに、クラス全員が各自の本を寄付することになった。そこで、小学校が本を集めることになり、この小学校からヒウテペック市に本が送られることになった。こうした事態に発展して、ようやく図書館を建設することにした市役所から、図書館の建設を手伝ってほしいとパレローニの元に依頼があったのが2001年のことである。

届いた本を素早く図書館に収蔵したいという役所の要請から、このプロジェクトは6週間で竣工させなければならない超短工期の建設となった。敷地はサッカーフィールド前の、人びとが集まる広場の入口付近に決まった。パレローニはデザインをできるかぎりシンプルにすることで、短い期間で施工ができるように考えた。

構造は単純明快だ。185m^2の床に4枚の壁を建てて、その間に3つの部屋を生み出す。それぞれを受付カウンター、子ども用読書室、大人用読書室として使う。この壁の上に曲線を描く屋根を乗せる。屋根は直射日光を室内に採り入れすぎないよう、南側が低く、北側が高くなっている。ただし、南側には光を反射する水盤を用意し、低い庇の下から光だけが室内に採り込まれるようになっている。広い開口を持つ北側と、水面の反射光を採り込む南側の開口によって、室内は常に明るい光で満たされるようになっている。雨水は南側に下がる屋根に沿って流れて水盤へと流れ込む仕組みだ。

驚くべき短工期で建てられた念願の図書館は、地域の人たちの豊かな読書体験の場を提供している。象徴的なかたちの建物は、本を求めてやってくる人びとの姿が絶えないコミュニティの顔となっているのである。

手づくりソーラーの素朴な給食調理センター

39 | Project by BaSiC Initiative
Solar Kitchen

ベーシック・イニシアティブが図書館を建設したヒウテペック市とテハルパ市で進むプロジェクトを紹介したい。このふたつの市は多くの不法定住者地区を抱えている。4,000年前から先住民が住み着いて暮らしていた地域だが、現在では都市化の影響で多くの工場労働者が地方から流れ込み、スラムを形成する地区となってしまった。こうした地区にはインフラや学校、図書館などが整備されていない場合が多く、ヒウテペック市とテハルパ市も10年間で人口が12倍にまで膨れ上がったことにより、スラム地区のインフラ整備はほとんど進んでいなかった。

そんななか、業を煮やした住民たちは自ら小学校を建設してしまった。そして今度はこの小学校にキッチンをつくりたいということで、ヒウテペック市で図書館を建設していたベーシック・イニシアティブに相談が持ち込まれたのである。ベーシック・イニシアティブは、そのときすでにヒウテペック市の別の小学校で太陽光を利用した調理室の実験をしていたため、このプロジェクトでもソーラーキッチンの可能性を追求したいと考えた。

というのは、インフラが整備されていないこうした地区には、エネルギーを独自に生み出さなければならない事情があったからである。とは言え、ここでのソーラーは近年普及が進む太陽光発電とは違う。太陽光のエネルギーを集めて直接コンロやオーブンの熱源とする考え方である。このプログラムが特徴的なのは、小学校につくる調理室ではあるものの、地区の栄養向上プログラムの一環でもあるということだ。途上国における給食の役割は大きい。子どもたちの重要な栄養源を供給すると同時に、公衆衛生や環境やエネルギーに関する知識を伝えることができる。こうした知識が子どもたちから大人たちへと伝えられ、コミュニティ全体の啓発につながるというわけだ。

最初にパレローニと学生が敷地を訪れたとき、そこには「建設予定地」と書かれた看板以外何もなかった。ここにどのようなデザインの調理室をつくるべきかを考えているとき、地域の女性たちが集まってきていろいろ話をすることができた。パレローニはこの話し合いのなかで、プロジェクトのアイデアを固めた。プロジェクトメンバーは、デザインのプロセス自体を公開すべきと考え、途中段階のプランも地区のトルティーヤ店に貼り出し、住民からのフィードバックを何度も取り入れることにした。

小学校に導入されたソーラーパラボラ鏡は、機械の部分を自転車の部品で補い、地域の露天市場で安く購入した小さな鏡をたくさん貼り付けてつくった。これらの鏡に反射した太陽光が1ヵ所に集まり、その場所に置かれたポットや鍋に熱エネルギーを加えることになる。集光機は自転車部品からつくられた平行錘によって調整され、太陽を追いかけて向きを変えることができるようデザインされている。これにより光熱費は下がり、小学校の給食調理コストが大幅に削減できている。小学校の給食をつくっているのは地区の母親たちである。給食をつくるために行政が母親に学校への出入りを許可するというのは珍しいことである。この処置があったおかげで、このプロジェクトは成功したといっても過言ではない。

パレローニは太陽熱で食事をつくることから、母親や子どもたちにエネルギー問題を意識してもらうと同時に、排水の循環や植物の機能などを理解してもらう機会にもしたいと考えた。したがって、ソーラー調理器、ソーラー温水器、食器洗いの水を処理する排水フィルターなど、いずれも化学薬品や外部からのエネルギーを使わない仕組みで調理室はデザインされている。

食堂内には自然光をふんだんに採り入れ、屋根には太陽光発電パネルと雨水の取水装置を取り付けた。ダイニングには小さな洗面器を設け、子どもたちが食事の前に手を洗う習慣を学ぶことができるようにした。洗面器は地域の職人によってモザイクタイルが貼り付けられた。洗面器から出た排水は、給食用の食材を育てる小さな農地の水やりに使われている。

ソーラーキッチンは、小学校の調理室としての役割を超え、現在では地域のコミュニティセンターとしての役割も担っている。テハルパ市とヒウテペック市には、現在3種類のソーラーキッチンがある。ベーシック・イニシアティブは今後、さらに多くのソーラーキッチンをデザインしたいと考えている。

地域交流の「橋渡し」計画

40　Project Marsupial Bridge & Media Garden

日本の多くの地方都市は、かつての主要産業が衰退し、昔の活況を取り戻せないままになっている。これは、日本がこれまで手本にしてきたアメリカでも同じであり、多くの地方都市が未だに元気を失っている。ミルウォーキー市もそんな都市のひとつだ。かつては重工業や製造業で栄えたものの、現在は市の中心部で多くの空きビルが目立っている。

都市の中心部にはミルウォーキー川が流れており、これが街をふたつに分けている。ただでさえ活力が失われている状況で、街が二分されているというのは都合が悪い。川沿いには空き家が目立つ倉庫街が続き、さらに陸地側には空き店舗が目立つ市街地が広がる。空き家を不法に占拠して良からぬことを企む輩が徐々に増え、治安が悪い地域だという印象が強くなる。そうなればますます人が寄り付かない地域となり、空き家はさらに増えることになる。

「なんとかしなければ」と立ち上がったのが、この地域でギャラリーを経営するジュリリー・コーラーだ。1993年、自身のギャラリーがあるブレディ・ストリートの居住者を集めて会議を開いた。疲弊した地域を再び安全でにぎやかな街にするためのアイデアについて何度も話し合ったり、まち歩きをするうちに、ミルウォーキー川で分断された川向こうの街とつながることが重要だという話になった。当時、ミルウォーキー川を渡るためのホルトンストリート橋は自動車専用道路であり、対岸まで歩いて渡ることができなかった。「歩いて暮らせるまちづくり」をめざすコーラーたちは、1999年に「クロスロード・プロジェクト」を立ち上げ、河川や道路を歩いて渡ることのできるまちづくりを始めた。

ホルトンストリート橋は1926年竣工の古い橋だったこともあり、2005年には補強工事が行われることになった。このとき、地元で活動していたクロスロード・プロジェクトの要請を受け、市役所は橋の下にもうひとつ歩道橋を付けてミルウォーキー川を歩いて渡ることができるように改修することを決めた。これがマースピアル橋である。

この改修設計を担当したラ・ドールマン・アーキテクツは、歩道橋を設計するだけでなく、両岸の橋の下に人びとが集まることのできる「メディアガーデン」という広場をつくるよう提案した。橋の下なので日光が届かず、植物が育たないという環境上の課題がある。そこで月面をイメージさせるような砂利の地面に、コンクリートとアクリルでできた「月光ベンチ」を配置したような広場を設計した。昼間は歩行者や自転車利用者が月光ベンチで休憩し、夜になるとベンチに明かりが灯り、地元の人が集まってくるような場所になった。

メディアガーデンでは、クロスロード・プロジェクトのメンバーを中心に「橋の下」という場所の特性を活かしたプログラムが提供されている。昼間でも薄暗いことを利用した野外映画祭やインスタレーション・アートのパフォーマンスのほか、スケートボードや自転車に関するイベントなどが行われる。レガッタなど川を活用したイベントも行われる。夜になると、地域のアーティストであるレイ・チー氏による「リバー・パルス」と呼ばれるマルチメディアアートのインスタレーションが行われ、ミルウォーキー川の水温、濁り、電気伝導率、含有酸素量、流速などに応じて変化する映像が映し出される。

川を渡る歩道橋の照明計画はノエル・ストールマックが担当した。歩行者や自転車利用者が安全に橋を利用するため、照明をできるだけ低い位置に設置して床面が明るく照らされている。こうすれば無駄な光が漏れて「光害」を生み出すこともない。

この橋が両岸の地域を結びつけ、現在ではふたつのエリアを結ぶさまざまなプログラムが実施されている。ミルウォーキー市の中心市街地は、いまこの橋を中心に再生されつつある。

私たちのまちを美しく!

41 Project To Keep Egypt Clean

42 Project Riot Cleanup

2011年2月11日に起きたエジプトの民主革命は、ツイッターやフェイスブック、ユーチューブといったソーシャルメディアによって多くの意思を集めたことで話題になった。それまで30年間続いたムバラク大統領の時代は、政府の圧政や腐敗、警察の不当暴力行為など多くの課題を抱えていた。こうした状況に対して、仲間を集めて政府を転覆させようとするのは難しい。内戦になりかねない。ところがエジプトの民主革命は、ツイッターで広くデモへの参加を呼びかけ、フェイスブックでデモの日程を調整し、ユーチューブで世界中にデモの状況を伝えることによって実現した。18日間のデモの後、ムバラク大統領は退陣を決意し、独裁政治に終止符が打たれた。

デモ終了後、市民と軍が衝突を繰り返したタハリール広場周辺で、市民が自発的な清掃活動を始めた。デモをきっかけに国民がエジプトを「自分たちの国」として取り戻したことを誇りに思い、「次は自分たちの国を自分たちの手できれいにしよう」と動き始めたのである。「エジプトをきれいな状態に保とう！」という手書きのプラカードを持って掃除する人もいる。

エジプト民主革命の発端のひとつに、警察の不当暴力行為がある。エジプトのネットカフェで警察官の暴行を受けて亡くなったハレド・サイードという28歳の青年——この青年を偲ぶ「我々はみなハレド・サイードである」というフェイスブックページに集う人たちの多くがデモに参加するところから革命へとつながった。エジプトの民主革命に影響を与えたチュニジアの政変が起きたとき、すでにこのフェイスブックページには50万人が登録されていたという。

同じく2011年、イギリスでも警察官の暴力が発端で暴動が発生している。それ以前に起きた、警察官が少年を射殺した事件の真相を追求するため、ロンドン北部の町でデモが行われていたときのことだ。デモを警護するために集められた多数の警察官に瓶を投げつけた少女が、警察官に殴られたことが発端となり、デモとは直接関係ない若者たちがパトカーやバス、民家や商店に危害を加え始めた。こうした暴動は次第に拡大し、8

月6日からの5日間、ロンドンだけでなくイギリス国内の主要な都市で若者たちが混乱に乗じて強盗や放火などさまざまな暴動を起こし続けた。

暴動が治まった後、興味深い行動が生まれた。ツイッターやフェイスブックを通じて「暴動（riot）を掃除しよう」と呼びかけ合った人びとが、デッキブラシや軍手を持って集まり、町を清掃し始めたのである。ツイッターでダン・トンプソンが呼びかけたことから広まったと言われている。朝8時にツイートが始まり、3時間後の11時には5,666ツイート、午後には約3万ツイートにまで増大した。その後、全国各地で「#riotcleanup（暴動清掃）」というハッシュタグをつけたツイートが広まり、自然発生的に清掃活動が始まった。

クラッパム・ジャンクションという町では、約400人が集まって清掃活動を開始。警察官や消防団が通り過ぎると、みんなで感謝の意を表して拍手で迎えたという。ルイシャムという町では市民20人が集まり、清掃活動に加えて地域のビジネス立て直しのサポートを始めた。トッテナムという町では、暴動の被害にあった地元の商店を支援するために若者がフェイスブックページを立ち上げて寄付を募った。その結果、300万円の寄付金が集まったという。

イギリスで暴動が起きた際、政府はソーシャルメディアによって暴動が拡大されていると考えていた。実際、当時はソーシャルメディアのサービスを停止することまで検討していた。ところがその後、暴動が起きたころのツイートを調査したところ、関連する240万ツイートのうち、暴動を拡大させるようなツイートはひとつもなかったことが分かった。では、人びとは何をつぶやいていたのか。そのほとんどが、清掃活動を呼びかけるツイートだったという。

歴史遺産をつなぐ川の上の学校

43 Project Bridge School

中国の福建省に平和夏石という名の村がある。人口は1,200人。村の中心には川が流れていて、この川の両側には400年前に建てられたふたつの要塞がある。かつて、敵の襲撃から村を守るために使われていたものだ。1950年代まではこの要塞の中でコミュニティが共同生活を送っていた。

その後、要塞には誰も住まなくなり、保護も保存もされてこなかったため、建物の、実に8割以上が損傷したままになっていた。21世紀になり、歴史的な遺産である要塞の価値が見直されるとともに、村民の教育に対するニーズが高まったため、新しく学校の建設が計画された。設計を担当することになったリー・シャオドンは、昔ながらの生活とこれから築かれる新しいコミュニティの生活を結ぶ架け橋としての学校をつくるため、川の上に学校を建設することを提案した。川の両岸に位置する遺跡をつなぎ、人びとの生活もつなぎ、子どもと大人をつなぎ、過去と未来をつなぐ場所にしたいという想いがあった。

設計を進めるにあたって、村長と校長がワークショップに参加し、地域住民の意見を聞きながら設計方針を固めていった。橋の学校の両岸には広場があり、子どもたちの遊び場として整備された。橋は二重構造になっており、上部は学校であり下部は遊歩道である。ふたつの要塞が400年間共同生活を営んできたという歴史に敬意を表し、両岸をつなぐ遊歩道を学校の下に吊り下げたのである。

橋のフレームには軽量化した鉄骨を用い、コンクリートの橋脚に固定してある。壁面には薄くスライスした木材を貼り付けてルーバーとし、室内に取り込まれる光の量を調整している。橋の中央部を持ち上げるために生まれた傾斜は、南側の教室では階段状の空間を生み出し、北側の舞台では客席として利用されている。階段教室と舞台はいずれも川岸に接続しており、季節によって壁面を開放することができる。開放すると、教室や舞台と広場が一体的に使えるようになり、地域の住民が学校の様子を自由に見学することができる。生徒も授業の時間と遊び時間に使う空間を自由に行き来できるようになる。さらには、舞台と広場を一体的に使ったイベントが行われることもある。その際、舞台で行われるパフォーマンスの背景には要塞が見えることになる。

一方、持ち上げられた橋の中央部には図書館が配置され、川の流れやまち並みを眺めながら本が読めるようになっている。結果的に、橋の学校は村のコミュニティの中心になり、多くの人が集まる場所となった。2009年の竣工以来、7歳から9歳までの児童40人がこの学校で学び、1,200人の村民もこの施設を頻繁に利用している。

たしかな

暮

らしのために

たしかな暮らしのために

住民が修理できる
石と竹の橋

Project　**A Bridge Too Far**

44

新しい橋。蛇籠の橋脚、V字の鉄板、竹の床と手すりによって、水の抵抗を軽減させたデザイン

完成した橋に座る人びと。男性だけでなく女性や子どもも橋づくりに関わった

中国の中山間地域には、川によって分断された村がたくさん存在する。こうした村の住民は、仕事や学校、日用品の買い物などのために毎日橋を渡って移動する。甘粛省の毛寺《マオシ》村もそのひとつ。蒲《ポー》河が、人口2,000人の村を二分している。

蒲河は黄河の支流で、毎年夏になると水かさが増す。普段は50cmほどの深さしかない川だが、増水時は5mも水位が上がるのだ。住民たちがつくっていた橋は、土と藁と石と丸太を使ったシンプルなもので、当然のことながら増水時には流されてしまう。そのたびに住民は仕事や学校、買い物へ行けなくなり、次の橋が架けられるのを待つことになる。また、村に住む300人の子どもたちは丸太の橋を渡ることに慣れているが、一方で足を滑らせて怪我をすることも多い。冬はとくに危険で、2003年には足を滑らせた母子が川に流されて死亡する事故が起きた。

これをきっかけに、住民たちは増水時も流されない安全な橋をつくるために香港中文大学のエドワード・ン教授に相談した。エドワード教授はすぐにプロジェクトチームを立ち上げ、大学連携プロジェクトとして多くの専門家や学生とともに橋の設計に取りかかった。現地調査の結果、高さ1.5mの橋であれば1年のうちの350日は安全に通行できることがわかった。そこで、増水が最高位に達する残りの15日は水の中に沈む「沈下橋」をデザインすることにした。

昔の橋。土と藁と石を使った橋脚に丸太を載せただけのシンプルなもの。洪水時には簡単に流されてしまう

沈下橋のデザインに求められるのは、いかに抵抗を軽減するかということである。増水時には大量の水が上流から流れ、加えて丸太や石なども流れてくる。これらが橋に引っかかると、それによって水が堰き止めら

れ、橋が流されてしまうか水が溢れてしまう。そこで橋脚には多孔質な蛇籠（じゃかご）を用いることとした。蛇籠は太い針金でつくられた籠で、中には現地の川で採取した石を詰め込む。蛇籠の内部を水が通り抜けることにより、橋脚にかかる水の抵抗が軽減される。橋脚の上流側にはV字型に折り曲げた鉄板が据え付けられ、上流からの漂流物が引っかからないように工夫されている。

川には20の橋脚が設置され、それらはフレーム状に加工された鉄骨の橋桁で互いに連結している。幅80cm、長さ5mの鉄骨フレームを、一直線ではなく互い違いに配置することで、橋脚の幅が細長くなり、さらに橋脚と橋桁とをしっかり固定できる。鉄骨フレームには、4つに裂いた竹を重ねて連結させたパネルがはめ込まれた。重ねた竹には多くの空隙があるため、歩道部分も水の抵抗が軽減されるつくりになっている。手すりも竹を曲げてつくられた簡素なもので、大きな力が加わると橋桁から外れて流される。水の抵抗を軽減しつつ橋の強度を損なわない工夫が盛り込まれている。

蛇籠に入れる石や、パネルや手すりに使う竹などはすべて現地で調達できる素材である。針金でつくった蛇籠と橋桁の鉄骨を工場でつくって運び込めば、あとは現地の人たちが現地の素材を使ってできる。2004年には実際に70人の学生ボランティアと村民が協力し、7日間でこの橋をつくり上げた。完成後は村の協議会が橋を管理しているが、洪水によって手すりが流されたことは一度もないという。

「A Bridge Too Far（遠すぎる橋）」と呼ばれるこのプロジェクトがきっかけとなり、エドワード教授は「無止橋（A Bridge to China）慈善基金」

橋づくりプロセス。村の男性、女性、子ども、そして外部の大学生が協力して橋をつくる

橋の床面と手すり。裂いた竹を重ね合わせて床や手すりをつくるため、空隙が生まれ水の抵抗が軽減される。一定の抵抗を上回ると部材が橋から離れて水に流されることになる。その場合は、村にある竹を切り取って住民が修理することができる

無止橋のプロジェクトによってつくられた別の橋。プロジェクトは、中国全土に15ヵ所以上の橋を架けている

を立ち上げ、中国の村々に橋を架けるプロジェクトを開始した。無止橋とは、村人たちの往来が川の流れによって止められないような橋をつくるという意味であり、人びとの心をつなぐ橋を架け続けるという意味も込められている。基金への寄付も増え、すでに15の村で学生と住民が協力して橋を架けている。無止橋慈善基金のプロジェクトは、4つのデザイン原理を守って活動を続けている。それは、①安全で効果的で手作りであること、②地域の文脈に沿っていて持続可能であること、③環境に配慮していること、④伝統と近代を調和させることである。

これらのプロジェクトは、たんに村に橋が誕生するという結果をもたらすだけではない。技術の習得を通じて住民同士の結束力を高めることにも寄与している。学生にとっても実地で学ぶよい機会になる。エドワード教授は言う。「このプロジェクトは2種類の橋を建設していると言える。ひとつは物理的な橋であり、もうひとつは人と人とのつながりのための橋である」。

「A Bridge Too Far」プロジェクトは、王立英国建築家協会（RIBA）やアメリカ建築家協会（AIA）などから、多くの賞を受賞している。ほかの現代建築に比べて建築界では話題になることが少ないものの、重要なことを学ぶことができる。それは、専門家がすべてを設計し、施工してしまうプロジェクトでは、住民や学生が学習したり協働したりする機会が奪われており、そのために「人と人とのつながりのための橋」が架けられない、ということである。

住民と大学生による橋づくり。村の外部から来た大学生と住民が協働して橋をつくった

たしかな暮らしのために

水くみが
楽しくなる遊具

Project **Play Pump**

Project **Hippo Water Roller**

45

46

子どもたちが回転遊具で遊ぶと、給水タンクに水が貯まり、水道の蛇口をひねれば水が出てくる

ポンプを回すと背後上空のタンクへと水が吸い上げられる。タンクを囲う看板には保健省の広告が掲げられている

途上国における水汲みは、主に子どもや女性の仕事とされている。これがあるために、子どもたちは十分に学校へ行くことも遊ぶこともできない。女性も学んだり就業するのが難しい。しかし、南アフリカでこうした問題を解消する画期的な2種類の遊具が生まれた。

「プレイポンプ」は、その名のとおり遊具になったポンプであり、子どもが遊ぶエネルギーで水を汲み上げる。子どもたちが遊具を回転させることで、地下40mから水が汲み上げられて地上7mに設置された貯水槽に溜まる。集落の人たちは自宅の蛇口をひねれば貯水槽の水を手に入れることができるという仕組みだ。1996年にデザイナーのトレバー・フィールドが風車によるポンプをヒントにしてつくり出した。

遊具を1分間に16回転の割合で回すと、1時間で1,400リットルの水を汲み上げることができる。貯水槽の容量は2,500リットルであり、オーバーフローした水は地下へ戻るようになっている。この仕組みを使えば、地下100mまでの水を汲み上げることができる。

回転遊具は子どもたちに人気だ。遊べば遊ぶほど地下水が汲み上げられる

子どもたちが集まりやすいように、ポンプは学校の近くに置かれることが多い。集落の自治会によって設置されるが、問題はコストである。設置費と15年分の管理費を合わせて1基あたり85万円ほど。通常のポンプの3倍だ。そこで、この費用を広告費でまかなうことにした。地上7mの貯水槽の四面に看板を設置し、2面に企業広告を、残り2面には健康や教育に関するメッセージを掲載することにしたのである。

当初、南アフリカの集落に掲げた看板に広告主は現れないだろうと言われた。ところが実際には多くの広告主が集まっている。企業がCSRとして広告を出す場合もあるし、行政が住民に知らせたいメッセージを掲げることもある。たとえば南アフリカの電力省は、電気の危険性や注意事項などを看板に掲げている。集落にはテレビはもちろん、ラジオもほとんどない。必要な情報を伝えるための媒体がほとんどないからこそ、看板が価値を持つのである。

これによって集落の人たちに経済的な負担をかけることなく、手軽に地下水を集落に分配することができるようになった。ポンプにはフリーダイヤルの番号が記されており、故障したら誰でもすぐに連絡できるようになっている。

こうした仕組みを考え出したのは、デザイナーのトレバーたちに他ならない。「水や衛生設備の不足によって毎日6,000人が命を落としている。こうした悲劇は安全な水を供給することで回避できる」とトレバーは語る。「一方、アフリカでは毎日6,000人がエイズによって亡くなっている。感染しやすいのは地方に住む若い女性だが、彼女たちは予防のための情報が得られない。看板にエイズに関する適切な情報が掲載されれば、多くの集落で正しい認識を持つことができるだろう」。

清潔な水とエイズの知識。プレイポンプは、持続可能な仕組みによってふたつの課題に取り組んでいると言えよう。

1991年、南アフリカのデザイナー、ジョアン・ジョンカーとペティ・

ウォーターローラーは子どもでも簡単に転がすことができる

ローラーは地面の凹凸に反発するようなつくりになっているため、舗装されていない道路でも水を運ぶことができる

ローラー以前はバケツを頭や肩に載せて水を運んでいたため、子どもや女性の身体への負担が懸念されていた

水くみに出発する一団。水を運ぶために要していた時間を短縮することができた結果、
子どもが学校へ行けるようになったり、女性は起業できる機会を得た

アメリカの非営利団体「Water People」がまとめて購入したローラーが、井戸をもたない3つの集落に届けられることもある

ペッツァーは、転がして運ぶことのできるローラー型のタンクをデザインした。それまで南アフリカの女性や子どもが生活用水を運ぶ際に使っていたポリバケツは、約20リットルの水しか入らなかった。それを頭や肩の上に載せて運ぶため、それ以上重くなると持ち運べなくなるからである。場所によっては生活に必要な水量を確保するために、給水地と自宅を1日に3往復しなければならなかった。時間を拘束するだけでなく、さらに、20kgの水を頭上に載せて歩くことによって背骨が圧迫され、子どもの健全な成育に支障が出ることも多かった。

「ヒッポウォーターローラー」と名づけられたこのローラーは、一度に90リットルの水を運ぶことができる。地面を転がす仕組みになっており、ポリウレタン製のローラーは地面の凹凸に反発するデザインになっているため、90kgの水を運んでも体感としては10kg程度の重さにしか感じないという。頭上に載せていたポリバケツの4倍以上の水量であり、長ければ7人家族が1週間の生活を営むことができる。

これによって、時間とエネルギーが節約されると同時に、背骨への負担を減らすことができた。女性や子どもたちは学んだり遊んだりする時間を手に入れた。実際、多くの集落において教育レベルや識字率が向上し、中には女性起業家の数が増えた集落もあるという。

ローラーの耐用年数は7年間で、販売価格は9,000円ほど。発売された1991年以降、南アフリカを中心にアフリカ全土で3万2000個以上が使われており、22万5000人以上の生活を変えている。

ヒッポはカバを意味する。樽のような胴体、しっかりした足、大きな口を持つカバは、きれいな水へのアクセスが失われることによって絶滅危惧種になっており、このローラーの象徴的存在である。

ローラーの価格は9,000円。アフリカ全土でこれまでに3万個以上売れている

給水地でハンドルを外し、ローラーの蓋を取って水をいれる

仮設シェルターの職人集団

47　Project Mad Housers Hut

ホームレスの問題は日本でもアメリカでも同じく発生している。すでによく知られているとおり、地下街や公園からホームレスを排除すればいいという問題ではない。排除しても、また別の場所に住まいをつくるだけの話だからだ。そのことを踏まえて、最近は日本でもホームレスのための宿を整備したり、ホームレスのシェルターからお金をかけない住まい方のヒントをもらったりと、さまざまな取り組みが行われている。こうした取り組みは、アメリカでも古くから行われてきた。

1987年、アメリカのジョージア工科大学の学生ふたりが、アトランタのホームレスを助けるためにボランティアでシェルターをつくり始めた。シェルターは天井高のある三角屋根のハット型と、低層横長のローライダー型の2種類が考案された。どちらのシェルターにも、鍵付きのドア、ベッド、収納用の棚、料理と暖房のための薪ストーブが設置されている。基本的な図面は同じだが、材料は木材やリサイクルされた柱、廃品回収によって得たドアなどが使われており、仕上がりはさまざまだ。

ふたりは仲間を募り、100戸以上のシェルターを建設した。土地の所有者から許可を得ている場合と、許可を得ずゲリラ的に建設している場合が

ある。シェルターは、経験がない人でも50時間ほどでつくることができるようシンプルな構造となっており、彼らはそのつくり方を「KISS（Keep It Simple, Stupid）方式」と呼んでいる。

マッドハウザーズと称する彼らの活動は、建設のための場所を探すのではなく、ホームレスがこれまで暮らしてきた場所で生活できるようサポートするのが基本である。また、シェルターは長く住むものではなく、プライバシーを保護し、安定した生活を得るために一定期間を過ごす場所であると位置づけている。目的はホームレスの自立であり、生活するための経済力を得るため一時的に利用する施設というわけだ。ホームレスの間では鬱や人格破壊などが問題になっている。こうした問題に対応し、自立した生活を営むためにマッドハウザーズはシェルターをつくっている。

一度建てたシェルターはクライアント（使い手）のものになる。その後、クライアントが微調整しながら改善することになる。マッドハウザーズのメンバーたちは、その改善を詳細に記録する中で、さらなるデザインのアイデアを得ることが多い。多くの小屋はポータブルトイレや菜園を設け、排泄物から食べ物をつくり出すサイクルを生み出すことが多い。こうした改修が、その後に続く設計の大きなヒントになっている。

シェルターづくりを身に付けたクライアントが自ら公共の図書館をつくったこともある。シェルターの一部が腐り、それを修復するために新しい小屋を建てたクライアントが、ホームレス仲間の要望により古いシェルターを図書館にしたのである。所蔵される本は市民から寄付され、ホームレスのコミュニティ内で貸し出されるようになったという。

ひとつのシェルターを10年以上使っているクライアントもいる。部分改修を繰り返しながら住み続けた住人が出て行った後にまた別のクライアントが住み着くということもある。クライアントの多くが空き缶のリサイクルの仕事などで生計を立てており、既存の都市インフラにアクセスできないことが多い。そこでマッドハウザーズたちはシェルターに水を集めるシステムを考案したり、車のエンジンを発電機として電気を生み出したりと、実験的な試みを次々と打ち出した。その結果、かつては遠くまで水を汲みに行かなければならなかったコミュニティが、水を手に入れ、時計や電化製品を動かすことができるようになり生活の質が向上した例も多い。シェルターのなかに携帯電話が設置され、緊急時には病院や消防署へ電話できるようになっているものもある。

ところで、ハット型のシェルターには、さらにクラシック型と山高屋根型がある。クラシック型は簡単につくれるがロフト部分が狭くて暗くて窮屈だ。一方、山高屋根型は明るく広々としていて空気の循環も良いが、資材を多く使わなければならない。どちらも一長一短がある。ローライダー型のシェルターは、ハット型だと背が高すぎて目立ってしまう場合に用いられることが多い。背丈が低いため、座ったり寝たりするのが精一杯。面積は1.5m^2程度である。物置小屋のような建物であり、ペンキを塗れば周囲にとけ込んで見分けづらくなるのが特徴だ。ただし、背が低いのでストーブが入れられない。そのため壁には断熱材が入っている。室内が狭いため、寝室と別に同サイズの収納倉庫をセットでつくることが多い。

シェルターは地元の建築基準に満たしていなかったが、マッドハウザーズは多くのホームレスにシェルターと倉庫を供給した。こうした取り組みを新聞社が紹介したところ、住民の一部から「ホームレスや不法占拠を助長することになる」「不動産の権利を侵害している」などという意見が相次ぎ、市役所は3つのシェルターを取り壊すことにした。一方、この取り壊しに対して「生きる権利の侵害だ」という声も上がり、結局市役所は不動産のオーナーから苦情が出たり、ホームレスが近所に迷惑をかけたりしない限りは黙認するという対応に落ち着いた。

シェルターのアイデアはその後、イリノイ州、カリフォルニア州、ウィスコンシン州へと広がって行ったが、広がった先のシェルターもまた壊されることになった。こうした繰り返しを経た後、1990年代後半になってマッドハウザーズは解散することになった。

しかし、マッドハウザーズの意志は消え去ったわけではない。その後、アトランタではこっそりとシェルターを建てる新しいグループが組織された。初代のマッドハウザーズと同じくホームレスのためのシェルターを建てる活動を展開しているが、その場所はすでにホームレスが長期間野宿していて、都市から取り残されている状態になっているため、今のところ市役所との対立はそれほど顕在化していないという。

安全な飲み水を子どもたちに！

48 | Project Life Straw

日本で生活しているとあまり実感しないことかもしれないが、世界の乳幼児の5人にひとりが下痢で亡くなっている。その数は、エイズ、マラリア、はしかで亡くなった乳幼児をすべて足した数よりも多い[*1]。

下痢の理由は水だ。とくに乳幼児や若者、免疫力の低い人や貧しくて安全な水が手に入らない

人たちの多くが下痢に悩まされている。国連は1990年から2015年までの25年間に、安全な水が手に入れられない人を半分に減らそうと努力している。しかし、未だに世界には安全が確保されていない飲料水を使っている人が8億8400万人もいる[*2]。

これは世界人口の約43%であり、とくに途上国の中山間地域に住む低所得者層は、安全が確保された水道管がない場所で生活している。汚染された水を飲むことはさまざまな病気を引き起こすとともに、地域全体の生産性を低下させることにつながり、地域経済に影響を及ぼすことになる。こうした地域では、手軽で費用のかからない飲料水の入手方法が求められている。家庭で使う水を清潔なものにするだけで、途上国における下痢を40%減らすことができると言われている。

こうした事態に対応するために考案されたのが「ライフ・ストロー」である。「どんな水でも安全な飲料水に変える」。この画期的な給水器具はまず個人が携帯できる浄水器として開発された。ライフ・ストローの中に入っているフィルターは、0.2ミクロンの粒子を通すもので、水を媒介するバクテリアを99.9999%除去できる。また、動物の寄生虫も99.9%除去できる。このフィルターを通すと、濁った水も透明な水になって出てくるほどだ。1本のライフ・ストローで約1,000リットルの水を浄化することができる。化学物質は含まれておらず、電池も使わないし、部品交換の必要もない。

18,000リットルの水を浄化できる「ライフ・ストロー・ファミリー」は、5人家族が3年間使うことができて何度も取り替える必要がない。

こうした器具の登場によって、水を媒介して広がるチフス、コレラ、赤痢、下痢などを予防することができる。ライフ・ストローは1本約350円。井戸や川や水たまりの水を飲まなければならない地域に住む人たちにとって生活必需品となっている。

＊1　UNICEF and WHO. 2009. Diarrhoea: Why children are still dying and what can be done

＊2　WHO and UNICEF. 2008. Joint Monitoring Programme for Water Supply and Sanitation

水と雇用を引き出すビジネス

49 Project The ROVAI pump

これまでに見たように世界各地で水に関する課題が生じている。さまざまなデザインが提案されているが、ローバイ・ポンプが特徴的なのは水を手に入れることと仕事を手に入れることを同時に実現させようとしている点である。

カンボジアの中山間地域では、水が手に入らないことによって農業収入が上がらず、その結果、ますます水が手に入らないという悪循環が蔓延している場所が多い。ただし、こうした地域にも井戸はある。井戸から水をくみ上げるための機械があれば、農業収入を増やすことができる。問題は、水をくみ上げるための機械を買う資金がないということだ。

オランダの「アイデアズ・アット・ワーク（IaW）」は2004年に設立された。この会社は、社会的な課題が生じている地域に支社をつくり、その地域に応じたビジネスを生み出し、支社のスタッフがそのまま現地で独立できる環境づくりをめざしている。この会社は2006年に世界銀行が主催するコンペ*1に勝ち、カンボジアで検討中だった井戸のポンプに関するアイデアを実現させるための資金を得ることができた。そこで、カンボジア国際資源開発*2と開発を重ね、ローバイ・ポンプを具体化した。

「ローバイ（ROVAI）」とは、カンボジアの公用語で「手で回転させる」「変化させる」という意味だ。その言葉どおり、ローバイ・ポンプは手でハンドルを回転させるだけで井戸の水をくみ上げることができる。軽い力で水をくみ上げることができるため、女性や子どもが生活用水をくみ上げることもできるし、農業用水などとしても大量にくみ上げることができる。材料は鋼材を使っており、直射日光や雨水に耐えるよう特殊な塗料でコーティングしている。ネジやボルトにはステンレスを用い、部品調達はすべてカンボジア国内で可能なよう工夫されている。水をくみ上げるための8mのパイプと、井戸の上に載せる円形のコンクリート蓋も付いている。説明書は公用語とイラストで分かりやすく書かれており、メンテナンスの方法もくわしく解説されている。

IaWは、このポンプを開発するだけでなく、ポ

ンプを購入するための資金調達方法も検討した。まず、IaWが10年間はポンプの修理等を無償で引き受けることで、ポンプを購入した人が水を使った仕事に継続的に従事できることを保証する。この保証を元に住民はマイクロクレジットなどからお金を借りる。このとき、集落の多くの住民が参加することによって、ひとり当たりの利率を下げて無理なく返済できるようなプランにしてもらう。こうして借りた資金でポンプを購入し、仕事をしながら返済するというわけだ。

こう書くと何も新しい仕組みではないと感じるかもしれないが、「ローン」という概念がない集落でこうしたプロジェクトを動かすのは大変なことである。まずはIaWの広報チームが集落を訪れ、首長と話し合ってローバイ・ポンプを説明するのに適した場所を選ぶ。その場所の井戸にポンプを設置し、村の人を集めてポンプの使い方や衛生面での特徴などを伝える。設置したポンプはそのままにしておき、数ヵ月間は村人が試しに使ってみることができるようにする。その後、広報チームがマイクロクレジットの会社を連れて村を再訪し、購入を決めた村人たちとローンの契約をする。IaWは、その後も半年ごとに村を訪問し、ポンプが適切に使われているかを確認するとともに、ローンの支払い状態について相談にのったり、地域のニーズに応じた他の商品について案内したりする。

こうしたきめ細かいフォローはカンボジア支社のスタッフが行う。国内のさまざまな集落を回り、一定数の顧客と取引が生まれたら支社は独立して現地の社会的企業になる。IaWは概ね2年を目途に地域の支社を独立させることにしているという。

政府の補助金などをアテにするのではなく、自分たちの努力によってポンプを手に入れ、それを活用してビジネスを生み出し、結果的に地域の雇用を創出する。モノのデザインに留まらない、広い意味でのデザインを展開していると言えよう。

＊1 Development Marketplace Competition
＊2 Resource Development International Cambodia, RDIC

農の恵みをもたらすツール

50 Project Bamboo Treadle Pump

51 Project Water Storage System

世界中で取り組まれているソーシャルデザインを紹介する『世界を変えるデザイン』という本がある。この元になったのは、2007年にクーパーヒューイット国立デザイン博物館で開催された「残り90%のためのデザイン（Design for the other 90%）」展である。このタイトルは、博物館のキュレーターであるシンシア・スミスが考えたものだが、着想は国際開発エンタープライズ（iDE）というデザインチームを率いるポール・ポラックが語った「デザイナーたちは、世界人口の10%に過ぎない先進国の消費者に向けたデザインばかり考えている」という言葉から得ている。

ポラックは精神科医で、1982年にiDEを設立した。これは、先進国に住む10%の人ではなく、残り90%の人たちのためのデザインを検討する組織である。途上国の中山間地域に出かけ、住民の話を聞き出し、農業生産の増大につながるような製品をデザインする。しかもそれは低価格でなければ普及しない。概ねワンシーズンの農業生産で返済できるくらいの費用でなければ住民は製品を購入してくれない。だからこそ、デザインにはかなりの工夫が求められる。何度も試作品をつくり、住民と話し合いながらデザインを磨き上げる。

活動拠点は、バングラデシュ、カンボジア、エチオピア、ミャンマー、ニジェール、ネパール、ベトナム、ザンビア、ジンバブエなど世界各国にあり、地元のコミュニティが貧困から脱出できるようデザイン面から支援している。国からの補助金を得て製品を開発し、それを住民に配布することでは根本的な問題は解決しない、というのがiDEの考え方だ。自分たちでお金を出して製品を買い、それを使ってしっかり働くことでお金を得るのが大切である。製品をデザインするとともに、住民のやる気を醸成することを旨としているというわけだ。

そんなiDEが開発に携わった製品をふたつ紹介しよう。ひとつは竹製足踏みポンプである。この足踏みポンプは井戸の上に載せて使う。両足でペダルを上下に動かすとピストンが作動し、地下水を吸い上げる。ポンプ部分は金属製のシリンダーとピストンからなり、地元の金属加工業者が製作できるようシンプルな構造でつくられている。足踏みや体を支える支柱部分は地元で調達できる竹を使っている。足踏みや支柱は毎年新しいものに変えることができ、ポンプ部分は何年も使えるように頑丈なものとしてつくられている。

このポンプを使うことで、雨の水だけを頼りにしていた農業に革新が起きる。地域によっては、年に2回も植え付けができるほど苗が育ち、収益を増やしているのだ。ポンプの値段は地域によってさまざまだが、概ね2,000円から1万円までに抑えられている。1985年以降、バングラデシュでは84の製造会社によって約140万台の足踏みポンプが製造、販売された。また、国際的なNGOである「キックスタートインターナショナル」が足踏みポンプの存在を知り、スーパー・マネーメーカー・ポンプを開発した。さらにその改良版であるヒップポンプを普及させている。

iDEが携わったもうひとつのデザインが「貯水システム」である。途上国の中山間地域には、雨期と乾期がはっきり分かれ、農業用水の確保が不安定な場所が多い。こうした地域では、雨水や湧水を効率的に貯め、農業に活用できる低価格のシステムが求められている。こうした地域の農家は、水を溜めるために200リットルのドラム缶を2万円で購入していることが多い。そこでiDEは、同じ量の水を貯めるためのビニールパックを500円で販売することにした。

デザインの結果、4種類の貯水システムが生まれた。ひとつは地面に穴を掘ってビニールを張り、水が漏れないようにして雨水や湧水を貯めるもの。これによって、通常の池よりも水漏れを防ぐことができ、コンクリート製の池よりも低価格で貯水システムを実現した。耐久性のあるビニールを使い、どんな天候条件にも耐えられるようにした。地域の人が共同で使えるように、1万から2万リットルの水が貯められるようになっている。深さは1mから3m程度。ただし、上部を被うものがないので水が蒸発したり汚れたりする危険性があったり、家畜などがぶつかって損傷を受けるおそれもある。耐用年数は3年から5年程度である。

コンクリート製の貯水システムだと耐用年数は15年に伸びる。最大で2,000m^{2}の敷地に毎日水を供給でき、乾期でも農地に毎日水をやれる。トレーニングを受けた地元の職人がいれば10日間ほどでつくることができるが、土質が安定している場所にしか使えないのが難点だ。

吊り下げ式の貯水システムもある。地面に設置したフレームでビニールバッグを吊り、そこから水を滴らせて水を供給するタイプだ。バケツやタンクの半分の費用で設置することができ、軽くて小さく収納できるので運搬も簡単である。フレームは、竹など地元の素材を使うことができる。25リットル用と200リットル用がある。200m^{2}以下の小規模な農地でなければ使えない。耐用年数は3年程度である。

土を盛ってつくった土台の上に設置する貯水システムもある。こちらも同じく水を滴らせて供給するタイプだが、2,000m^{2}の農地に水をやることができる。直射日光から水を守るため、耐用性のあるビニールを使っている。耐用年数は5年程度。

セメントを使った手づくりの水瓶による貯水システムは素人でも5日間ほどでつくることができる。蒸発や漏水を防ぐことができるため、水を効率的に農地へと供給することができる。土地の専有面積が少なくて済むため、農地を有効活用することができる。耐用年数は12年程度と長い。

iDEのデザインは価格と耐用年数にこだわったものが多い。材料が地元で調達できるかどうか、修理などを地元の職人が担えるかどうかなどが厳密に検討される。地元の会社が製造できるだけでなく、小売り会社や井戸を掘削する会社など、製造から販売、設置までを地元の会社のネットワークによって展開する仕組みづくりも重視される。

iDEは「無理しない三原則」を持つ。まず、デザインを始める前に貧困層の住民25人以上とじっくり話をして、何が課題なのかが把握できないのであれば無理しない。次に、デザインしているものが初年度の農業生産で元がとれるような価格でつくれないようであれば無理しない。そして、デザインが終わった段階で「これなら補助金なしで少なくとも100万ユニットは貧困層の人た

ちに買ってもらえるだろう」と思えなければ無理しない。この三原則を守りながらデザインを進めるという。

貧しい地域の事情は、その地域で生活する人が一番よく知っている。だからこそ、まずは当事者の話をじっくり聞くことから始めることが大切なのだ。「貧しい人びとの話を聞くのに工学や建築の学位は必要ない。事実、私は20年以上それを続けてきた」とポラックは言う。iDEは2012年で30周年を迎える。「デザインの対象は先進国に住む一部の金持ちだけではない」というポラックの主張を裏付けるように、iDEには今でも世界各地から仕事が舞い込んでくるという。

出稼ぎ労働者のための移動住宅

52 Project Mobile Migrant Worker Housing

ソーシャルデザインを語るうえで外せない人物が何人かいる。ルーラル・スタジオを主宰したサミュエル・モクビー、ベーシック・イニシアティブを率いるセルジオ・パレローニ、iDEの設立者ポール・ポラック、ソーシャルデザインに関する展覧会の企画者シンシア・スミス。若手ではアーキテクチュア・フォー・ヒューマニティを主宰するキャメロン・シンクレア。そして、ソーシャルデザインの情報発信を積極的に行っているのがデザインコープ（Design Corps）の設立者ブライアン・ベルだ。ベーシック・イニシアティブが『Studio At Large』という作品集をつくる際、その編集を担当したのがベルである。

プリンストン大学で建築史を学んだベルは、エール大学大学院で建築設計を専攻する。このとき、リチャード・ロジャースの事務所でインターンを経験するとともに、サミュエル・モクビーの事務所でミシシッピ州の農村に3軒の住宅を建設するプロジェクトのディレクターを務めた。

大学院修了後はスティーブン・ホールの事務所に就職する。ところがベルはすぐに不満を感じるようになった。オースティン市で開催されたシンポジウムで、ホールの事務所で働いていたときの気持ちを彼は次のように例えた。「人の命を救うことに直結する救急救命病棟で働きたいのに、見た目をきれいに整える形成外科で働いているような感覚だった」。「建築の恩恵はすべての人のためにあるべきだ」という彼の信念とは裏腹に、ホールの事務所で経験したのは美しい形にこだわる仕事ばかりだったという。

ホールの事務所で働き続けるかどうかを迷っていたとき、ベルの姉がペンシルバニアの劣悪な住宅事情についてベルに伝えた。ベルの姉は生活改善に関するボランティア活動に従事していたのだが、劣悪な住環境に対して建築家の関わりがほとんどないことを疑問に感じていたという。この話をきっかけにベルはホールの事務所を辞め、1969年に設立されたNPO法人ルーラル・オポチュニティ（Rural Opportunities）と協力してプロジェクトを進めることを決めた。独立したばかりのベルは、ルーラル・オポチュニティとともにアメリカ建築家協会の研究助成に応募し、中山間地域の生活環境を調査するための資金を獲得した。これをきっかけに彼はデザインコープという事務所を設立し、建築家にデザインを依頼するための資金がない人たちに対して住宅のデザインを供給する仕事を始めた。1997年のことである。

助成研究によってわかったことは、ペンシルバニア州アダムズ郡の出稼ぎ労働者は、ほとんどが年収40万円に満たず、留置場のように込み合った共同の寝室で生活しているということだった。ひとつの部屋に多くの人が住み、異なる文化と言語が共存することは、争いや結核などの伝染病を引き起こす原因となっていた。「相手のことを知らずに安易な住宅をデザインするわけにはいかない」と考えたベルは、出稼ぎ労働者との対話を繰り返すことにした。労働者の唯一の休日である日曜日に、デザインコープは地元のファーマーズマーケットでアンケートを行うことにした。アンケートに答えると炭酸水や水がもらえるということで、暑い夏には労働者たちが喜んで協力してくれた。その結果、労働者には2種類のタイプが存在することがわかった。ひとつは契約期間が終わったら母国へ帰りたいと思っている独身の男性労働者たち。もうひとつは、そのまま永住を希望しているファミリータイプの生活者たち。とくに劣悪な環境で生活していたのは独身男性たちだった。

そこでベルは彼らの居住環境を改善するプロジェクトを立ち上げた。工場で事前に組み立てて運べる移動式住宅のデザインに取り組みはじめたのである。ユニット化した住宅を事前に組み立てることによってコストを下げ、これをトレーラーで現地へ運び、ユニットを組み合わせながら集合住宅をつくる。金属製ユニットの床面積は67m^{2}で、4人用の寝室がリビングを挟んでふた部屋配置されている。共有のバスルームやキッチンが備えられており、基礎を必要としないためどこへでも移動させることが可能だ。

このデザインによって、男性労働者たちの生活環境を大幅に改善することができた。デザインコープは、この経験を活かしてさらに託児所のデザインに携わったり、農場の出稼ぎ労働者用住宅をデザインしたりすることになった。リトル・ワシントンの農場では、下水道設備が整っていないことを解決するために、ユニット住宅に温室を取り付けた。住宅から流れ出た排水が温室に入り、ジンジャー・リリーという植物を育てる肥料となる。無農薬で育てたリリーは、美しく香りの良い花を咲かせることになり、労働者たちの疲れを癒す温室空間となっている。

ベルは実践を重視しているが、同時に教育にも力を入れている。単に奇抜な形をデザインするだけでなく、社会的な課題の解決に寄与するようなデザインに携わる学生たちを増やすためだ。「最

近のアメリカでは、建築学生の多くが金持ちのためにかっこいい建築をデザインするのではなく、本当に建築を必要としている人たちにデザインを届けるような仕事がしたいと考えています」とベルは言う。こうした気持ちに応じて、デザインコープでは20の大学から45人のインターンを受け入れている。彼らは建築のデザインに加えて、住民と創造的な対話を行う方法やコミュニティを組織化する方法など、コミュニティデザインに関する手法も学んでいる*1。

デザインコープにおける教育活動だけではない。ベルは各地の大学に招聘され、客員教授として実践型教育の科目を担当している。サミュエル・モクビーが教授を務めたオーバーン大学のルーラル・スタジオでも客員教授を務めている。また、全国各地の学生たちと検討した提案や実践をまとめて毎年フォーラムを開催している。ベルはフォーラムの中から優秀なプレゼンテーションを選び、2003年に『Good Deeds, Good Design』、2008年に『Expanding Design』という書籍にそれらを掲載した。こうした取り組みは、「すべての人が良質な建築を手に入れることができるような社会をつくる」というベルの思想を実現するための草の根的な運動だといえよう。

*1　ブライアン・ベルの経歴や実践については彼のホームページに詳しく掲載されている。「コミュニティデザイン」という言葉が多く登場するのが特徴的である。

バリアを克服する車椅子

53　Project RoughRider

バリアフリーによって段差をなくし、車椅子利用者がどこへでもアクセスできるようにすることは大切だ。しかし、途上国ではまだまだ「バリアフル」な環境が残っていることが多い。こうした環境では、むしろ車椅子のデザインを進化させることが求められる。つまり、バリアフルな環境を乗り越えて走行できるような「良い車椅子」をデザインする必要があるわけだ。

世界保健機関（WHO）によると、途上国で「良い車椅子」を必要としている人は、世界で約2,000万人もいるという。世界人口の305人にひとりの割合だ。「良い車椅子」を普及させるために活動している団体のひとつに「ホイールウィンド・ホイールチェア・インターナショナル（WWI）」というNPOがある。彼らは、途上国で車椅子を利用する人たちの生活を助けつつ、そのプロセスで地域の持続可能な経済発展を支援することを目的としている。そんな彼らが定義する「良い車椅子」とは、安全で、耐久性があり、地域にある部品で修理でき、使いやすいものであることを意味する。彼らのミッションのひとつは、こうした「良い車椅子」を途上国に普及させることだ。

途上国における車椅子利用者のほとんどは、経済状況から車椅子を1台しか所有できない。つまり、その1台がすべてのニーズに答えているものでなければならないということだ。木の根の上を走行できたり、穴のあいた道路を移動できたりしなければならない。そこで、WWIは特別な車椅子をデザインした。

WWIが開発したラフ・ライダーという車椅子は、後方についている大車輪と前方の小車輪との距離が大きくとってあり、最も多い怪我の原因である前方への転倒を防ぐ構造となっている。また、柔軟性のある車輪を採用することで、凹凸のある地面でも簡単に走行することができる。大車輪は衝撃を吸収する大きなタイヤを用いており、

ゴムは耐性が強いためパンクはほとんど起きない。仮にパンクしたとしても、手軽に修理したり取り替えたりできるように、通常の自転車に使われているものと共通のタイヤを用いている。前輪は、上端が下端より3度外に開いていることによって、人間工学に基づいたハンドリングを可能にしている。

座面の下にはX型の支柱があり、車やクローゼットなど狭いスペースにも簡単に収納することができる折りたたみ式だ。バスなどに乗る際も有効である。背もたれには張力を調整できるストラップが10本付いており、ユーザーに最適な姿勢を生み出すことができるようになっている。背骨が左右に湾曲してしまう側湾症を防ぐ効果がある。シートは急な停止にも対応できるような角度が付いている。背もたれのシートは洗濯機で洗うことができ、車椅子は丸ごとホースや川で洗うことができる。さらにタイヤ、チューブ、金物、ベアリングはいずれも簡単に手に入るものを用いており、ほぼすべてのパーツが世界中のまちで手に入る。

ラフ・ライダーはこれまで途上国の車椅子利用者2万5000人に利用されている。雨が降ると泥水だらけになるような未舗装の道や、ひび割れや穴だらけの都会の道でも走行できるのが特徴だ。デザインは車椅子利用者を中心に考えられており、それぞれの利用環境に応じたものになるよう配慮されている。

ラフ・ライダーの価格は約8万円で、一般的な屋外用車椅子の半額以下となっている。途上国で車椅子を販売する小規模な店舗でも、ライセンスプログラムを通じて多くのラフ・ライダーを生産したり販売したりしている。

子どもも使える水くみタンク

54 Project Q Drum

これまでに何度も触れてきたように、途上国における社会的な課題の筆頭は水だと言えよう。安全な水が手に入らないために、コレラや赤痢など死に至る病にかかる人が後を絶たない。また、安全な水を手に入れるため、遠くまで水を汲みに行くのは女性や子どもの仕事である。頭の上に重い水を乗せて運ぶので発育にも影響し、1日に何度も水を汲みに行かねばならないことで家事や学習の時間が犠牲となる。

Qドラムは上記のような課題を解決するためのデザインとして提案された。ドーナツ型のプラスチック容器に水を入れ、真ん中の穴に持ち運び用のロープを通す。アルファベットの「Q」のような形をした水の容器なのでQドラムと名付けられた。耐久性の高い低密度ポリエチレン（LLDPE）

を使っているため、太陽光や熱による劣化が少なく壊れにくい。どんな地形でも転がしたり引っ張ったりして水を運ぶことができる。金属製の取手や金具を使っていないため、振動によって部品が外れたりなくなったりする心配がない。穴に通したロープは、切れても結び直せばすぐに使えるものである。万が一、ロープが無くなったとしても、革や植物を編んでロープの替わりになるものをつくればいい。

Qドラムは容量によって75リットルと50リットルの2タイプを選ぶことができる。50リットル版は、高さ36cm、直径50cm、フタの直径が12cm、材料の厚みは4mm、空のときの重さは4.5kgである。

ドラム中央に穴が空いているため、置いたときの縦方向の強度が増すというのも特徴だ。これまで農業等で使われてきた容器は中空のため、液体を入れて3つほど重ねるのが限界だった。一方、Qドラムは中空部分の構造が支えになるため、計算上は40個のドラム(3.7t)を重ねることができる。まとまった輸送を考えると便利な構造である。

Qドラムは他にもいろいろな使い方が可能だ。有事の際は、ドラムの中に水や食料、燃料やオイルなどの救援物資を入れて運ぶことができる。物資を運んだ後は、水を運ぶ容器として再利用できる。農業では、果汁やワイン、収穫した米や麦を入れて運ぶことができる。重しになるものを入れれば土地を平坦にするためのローラーにもなる。炭鉱では地下の限られたスペースで物資を運ぶために重宝する。何も入れなければブイや浮き具として海上で使うことができる。

回転型を使って工場で量産するため、一度に多くのドラムをつくることが可能だ。ただし、今のところまだ生産量が少ないため、ドラム1個あたりの価格が課題である。必要とされる地域へ、より早く、より広く、より安価に行き渡ることを願う。

01｜地産レンガでつくる学校 →p.020

プロジェクト―Gando Primary School
地域――――ガンド村(アフリカ、ブルキナ・ファソ)
デザイン――Diébédo Francis Kéré
時期――――1998～2001年
コスト―――約298万円(29,830ドル)
面積――――526㎡
●http://www.kere-architecture.com/bf/bf_001.html
●http://www.fuergando.de

02｜地域の工法と材料から生まれた手づくりの学校 →p.028

プロジェクト―METI Handmade School
地域――――ルドラプール(バングラデシュ)
デザイン――Anna Heringer
時期――――2004～2006年
面積――――325㎡
●http://www.anna-heringer.com/index.php?id=31
●http://www.meti-school.de/daten/index_e.htm

03｜コミュニティを結束させる麦わら住宅 →p.036

プロジェクト―Straw Bale Housing
地域――――アメリカ
デザイン――Nathaniel Corum (Architecture for Humanity)
時期――――2003年～
●http://www.nathanielcorum.com/
●https://www.redfeather.org/

04｜台風廃材のリサイクル家具 →p.044

プロジェクト―Katrina Furniture Project
地域――――ルイジアナ州、ミシシッピ州(アメリカ)
デザイン――Sergio Palleroni (BaSiC Initiative)
時期――――2006～2010年
●http://www.basicinitiative.org/
●http://www.katrinafurnitureproject.org/home.html

05｜土のうでつくる涼しい仮設住宅 →p.052

プロジェクト―Super Adobe
地域――――イランほか
デザイン――Nader Khalili (Cal-Earth)
時期――――1984年～
●http://calearth.org/

06｜みんなで増築する公営住宅 →p.060

プロジェクト―Quinta Monroy Housing
地域――――イキケ(チリ)
デザイン――Alejandro Aravena
時期――――2003～2005年
コスト(1軒)―約75万円(7,500ドル)
面積――――36㎡
●http://www.elementalchile.cl/viviendas/quinta-monroy/quinta-monroy/

07｜ →p.068

プロジェクト―Mechai Pattana School
地域――――ブリーラム(タイ)
デザイン――Tay Kheng Soon (Akitek Tenggara)
時期――――2008～2012年
●http://mechaifoundation.org/school.asp

08｜軽くて強い古紙レンガの教室 →p.070

プロジェクト―Wastepaper School
地域――――ピントン(台湾)
デザイン――John Lamorie & Shelly Wu
時期――――2009年
コスト―――約66万円(24万8000台湾ドル)
面積――――75㎡

09｜ローコストで快適な竹の小学校 →p.072

プロジェクト―Bamboo Primary School
地域――――ルオン・ソン村(ベトナム、ニャチャン)
デザイン――theskyisbeautiful architecture
時期――――第1期2000～03年、第2期　～05年
敷地面積――第1期372㎡、第2期180㎡
コスト―――第1期　約250万円(2万5000ユーロ)
　　　　　　第2期　約150万円(1万5000ユーロ)
●http://www.theskyisbeautiful.com/

10｜対話でつくる地域の教会 →p.075

プロジェクト―Mason's Bend Community Centre

地域――――メイソンズ・ベンド（アメリカ、アラバマ州）

デザイン――Samuel Mockbee (Rural Studio)

時期――――1999～2000年

コスト―――約150万円（1万5000ドル）

面積――――93㎡

● http://apps.cadc.auburn.edu/rural-studio/Default.aspx?path=Gallery%2fProjects%2f2000%2fglasschapel%2f

11｜経済拠点としての農作物販売所 →p.076

プロジェクト―Thomaston Farmer’ s Market

地域――――トーマストン（アメリカ、アラバマ州）

デザイン――Samuel Mockbee (Rural Studio)

時期――――1999～2000年

● http://apps.cadc.auburn.edu/rural-studio/Default.aspx?path=Gallery%2fProjects%2f2000%2fthomastonfarmersmkt%2f

12｜幻となった夢の放課後クラブ →p.078

プロジェクト―Akron Boys & Girls Club

地域――――アクロン（アメリカ、アラバマ州）

デザイン――Samuel Mockbee (Rural Studio)

時期――――2000～2001年

● http://apps.cadc.auburn.edu/rural-studio/Default.aspx?path=Gallery%2fProjects%2f2001%2fakronbgc1%2f#

13｜モクビーの思想をかたちにしたスタジオ →p.079

プロジェクト―Supershed and Pods

地域――――ニューバーン（アメリカ、アラバマ州）

デザイン――Samuel Mockbee (Rural Studio)

時期――――1997～2001年

● http://apps.cadc.auburn.edu/rural-studio/Default.aspx?path=Gallery%2fProjects%2f1997%2fsupershed%2f

● http://apps.cadc.auburn.edu/rural-studio/Default.aspx?path=Gallery%2fProjects%2f1999%2fpods%2f

14｜球場づくりに込めた野球狂の夢 →p.080

プロジェクト―Newbern Baseball Field

地域――――ニューバーン（アメリカ、アラバマ州）

デザイン――Samuel Mockbee (Rural Studio)

時期――――2000～2001年

● http://apps.cadc.auburn.edu/rural-studio/Default.aspx?path=Gallery%2fProjects%2f2001%2fnewbernbaseballclub%2f

15｜積層カーペットの高断熱住宅 →p.081

プロジェクト―Lucy House

地域――――メイソンズ・ベンド（アメリカ、アラバマ州）

時期――――2001～2002年

デザイン――Samuel Mockbee (Rural Studio)

コスト―――約300万円（3万ドル）

面積――――115㎡

● http://apps.cadc.auburn.edu/rural-studio/Default.aspx?path=Gallery%2fProjects%2f2002%2flucycarpethouse%2f

16｜200万円住宅のつくり方 →p.083

プロジェクト―$20K House

地域――――グリーンズボロ（アメリカ、アラバマ州）

デザイン――Samuel Mockbee (Rural Studio)

時期――――2003～2005年

コスト―――約250万円（2万5000ドル）

面積――――57㎡

● http://apps.cadc.auburn.edu/rural-studio/Default.aspx?path=Gallery%2fProjects%2f2005%2f20kversion1%2f

17｜社会問題を伝えたくなる景観広告 →p.086

プロジェクト―JESKI Social Campaign

地域――――ニューヨークほか（アメリカ）

デザイン――JESKI

● http://www.jeski.org/

18｜五感で学ぶ特別支援学校 →p.094

プロジェクト—Hazelwood School
地域————ダンブレック(イギリス、グラスゴー)
デザイン——Alan Dunlop
時期————2003～2007年
コスト———約10億9000万円(1,090万ドル)
面積————2,666㎡
- http://www.hazelwoodschools.org.uk/index.htm
- http://www.alandunloparchitects.com/work/selected-work/hazelwood-school

19｜電話ボックス再活用大作戦 →p.096

プロジェクト—The Book Exchange
地域————ウエストバリー・サブ・メンディップ(イギリス)
時期————2009年～
コスト(1台)—約3,100円(31ユーロ)

20｜学びを実現するツール[1] →p.097

プロジェクト—Kinkajou Microfilm Projector
地域————マリ共和国
デザイン——Design that Matters
時期————2004年～
価格————約1万5000円(150ドル)
- http://designthatmatters.org/portfolio/projects/kinkajou/

21｜学びを実現するツール[2] →p.097

プロジェクト—One Laptop per Child
地域————ルワンダ、ニカラグア、マダガスカル、パラグアイ、インド、アフガニスタン、ネパール、ペルー、ケニア、ウルグアイほか
デザイン——One Laptop per Child (OLPC)
時期————2005年～
- http://one.laptop.org/

22｜ひとりでつくれるペットボトルのシェルター →p.100

プロジェクト—United Bottles
地域————ベルリン(ドイツ)
デザイン——United Bottle Team
時期————2007年～
- http://www.united-bottle.org/index.html

23｜ゼロ円ではじめる路上図書館 →p.101

プロジェクト—Street Books
地域————ポートランド(アメリカ、オレゴン州)
デザイン——Laura Moulton
時期————2011年～
- http://www.streetbooks.org/

24｜ゴミと資源を見つめる航海 →p.103

プロジェクト—Plastiki
デザイン——MYOO [旧名Adventure Ecology]
時期————2010年
- http://www.theplastiki.com/

25｜アートで変えるスラムの未来[1] →p.104

プロジェクト—Favela Painting Project
地域————ヴィラ・クルゼイロ(ブラジル、リオ・デ・ジャネイロ)
デザイン——Haas&Hahn
アーティスト—Jeroen Koolhaas、Dre Urhahn、ファベーラで暮らす若者
時期————2005年～
コスト———約2,000万円(20万ドル)
面積————計9,150㎡
- http://www.favelapainting.com/

26｜アートで変えるスラムの未来[2] →p.104

プロジェクト—Faces of Favelas
地域————キベラ(ケニア)、リオ・デ・ジャネイロ(ブラジル)ほか
デザイン——JR
時期————2003年～
- http://www.jr-art.net/

27｜5万人が集うデザインアーカイブ →p.108

プロジェクト—Worldchanging (旧 Open Architecture Network)
デザイン——Architecture for Humanity
時期————2007年～
- http://openarchitecturenetwork.org/

28｜都市のスキマに環境配慮の住空間 →p.110

プロジェクト—Life in 1.5 x 30
地域————ダッカ（バングラデシュ）
デザイン——Architecture for Humanity
時期————2008年〜
コスト———約6万4000円（640ドル）
面積————14㎡
● http://openarchitecturenetwork.org/projects/5707
● http://architectureforhumanity.org/node/1122

29｜干ばつから村を守る希望の大屋根 →p.111

プロジェクト—Mahiga Hope High School Rainwater Court
地域————マヒガ（ケニヤ、ニエリ）
時期————2009〜2010年
デザイン——Dick Clark Architecture
コスト———約840万円（8万4150ドル）
面積————451㎡
貯水量———3万リットル
利用者———1,500人の住民
● http://architectureforhumanity.org/node/1506
● http://openarchitecturenetwork.org/projects/rainwatercourt
● http://architectureforhumanity.org/node/1199
● http://nobelity.org/projects/

30｜東北で甦ったみんなの食堂 →p.113

プロジェクト—ひかど市場（Hikado Marketplace）
地域————宮城県気仙沼市本吉町
デザイン——Architecture for Humanity
時期————2011年5月〜6月
コスト———約75万円（7,500ドル）
● http://openarchitecturenetwork.org/projects/hikado_marketplace
● http://architectureforhumanity.org/programs/tohoku-earthquake-and-tsunami-rebuilding
● http://architectureforhumanity.org/node/2077

31｜「食べられる校庭」の教育改革 →p.116

プロジェクト—Edible School yard
地域————バークレー（アメリカ、カリフォルニア州）
発起者———Alice Waters
時期————1994年〜
● http://www.edibleschoolyard.org/

32｜がん患者を受けとめる「家」 →p.124

プロジェクト—Maggie's Cancer Caring Centres
地域————ロンドン、グラスゴー、ファイフ、ハイランド、ダンディー、エジンバラ（イギリス）ほか
発起者———Maggie Jencks、Charles Jencks
時期————1994年〜
● http://www.maggiescentres.org/

33｜まちを明るくするロープウェイ →p.132

プロジェクト—Metro Cable
地域————カラカス（ベネズエラ）
デザイン——Urban-Think Tank
時期————2007〜2010年
● http://www.u-tt.com/projects_Metrocable.html

34｜コミュニティのつながりによって甦った公園 →p.140

プロジェクト—Perry Lakes Park
地域————マリオン（アメリカ、アラバマ州）
デザイン——Samuel Mockbee（Rural Studio）
時期————2002年〜
面積————1,620,000㎡
● http://apps.cadc.auburn.edu/rural-studio/Default.aspx?path=Gallery%2fProjects%2f2002%2fperrylakespavillion%2f

35｜コミュニティとともに成長する職業訓練センター →p.148

プロジェクト—Sra Pou Vocational School
地域————スラ・プウ村（カンボジア）
デザイン——Architects Rudanko + Kankkunen
時期————2010〜2011年
コスト———150万円（1万5000ドル）
床面積———200㎡
● http://www.rudanko-kankkunen.com/our_work/

36 | 小学校建設からはじまった非居住地区の草の根再生
→p.157

プロジェクト—Esquela San Lucas
地域——テハルパ（メキシコ、モレロス）
デザイン——Sergio Palleroni（BaSiC Initiative）
時期——1995～97年
コスト——約1,710万円（17万1000ドル）
面積——約5,000㎡
● http://www.basicinitiative.org/programs/global_communities/Escuela_San_Lucas.htm

37 | 見棄てられた荒れ地に地域医療の拠点を
→p.158

プロジェクト—Casa de Salud Malitizin
地域——モレロス、テハルパ（メキシコ）
デザイン——Sergio Palleroni（BaSiC Initiative）
工期——1998～99年
コスト——約686万円（6万8600ドル）
面積——約330㎡
● http://www.basicinitiative.org/programs/global_communities/Casa_de_Salud_Malitizin.htm

38 | 超短工期の明るい図書館
→p.160

プロジェクト—Biblioteca Publica Municipal Juana de Asbaje y Ramirez
地域——モレロス、ヒウテペック、ホヤ・デ・アグア（メキシコ）
デザイン——Sergio Palleroni（BaSiC Initiative）
時期——2001年
コスト——約560万円（5万6000ドル）
面積——120㎡
● http://www.basicinitiative.org/programs/global_communities/Bilioteca_Puiblica_Municipal.htm

39 | 手づくりソーラーの給食調理センター
→p.161

プロジェクト—Solar Kitchen
地域——ヒウテペック（メキシコ、モレロス）
デザイン——Sergio Palleroni（BaSiC Initiative）
時期——2003～10年
コスト——約672万円（6万7200ドル）
面積——305㎡
● http://www.basicinitiative.org/programs/global_communities/Solar_Kitchen.htm

40 | 地域交流の「橋渡し計画」
→p.164

プロジェクト—Marsupial Bridge & Media Garden
地域——ミルウォーキー、ホルトン・ストリート陸橋（アメリカ、ウィスコンシン州）
デザイン——LaDallman Architects
時期——2005～06年
コスト——約3億3500万円（335万ドル）
サイズ——全長　195m、幅　3m
● www.ladallman.com/prj_urban_plaza.html

41 | 私たちのまちを美しく！［1］
→p.165

プロジェクト—To Keep Egypt Clean
地域——カイロ（エジプト）
時期——2011年～

42 | 私たちのまちを美しく！［2］
→p.165

プロジェクト—Riot Cleanup
地域——ロンドン（イギリス）
時期——2011年～

43 | 歴史遺産をつなぐ橋の上の学校
→p.166

プロジェクト—Bridge School
地域——平和夏石（中国、福建省）
デザイン——Li Xiaodong
時期——2008～2009年
コスト——約950万円（9万5000ドル）
面積——1,550㎡
● http://www.akdn.org/architecture/project.asp?id=3796

44 | 住民が修理できる石と竹の橋
→p.170

プロジェクト—A Bridge Too Far（無止橋プロジェクト）
地域——マオシ村（中国）
デザイン——Edward Ngほか
時期——2004～2005年
コスト——約1,419万円（14万1900ドル）
全長——100m
● http://www.bridge2far.info/

45｜水くみが楽しくなる遊具[1] →p.178
プロジェクト―Play Pump
地域――――南アフリカ
デザイン――Trevor Field, Ronnie Stuiver
時期――――1996年〜
コスト―――約85万円(8,500ドル)
●http://www.playpumps.co.za/

46｜水くみが楽しくなる遊具[2] →p.178
プロジェクト―Hippo Water Roller
地域――――南アフリカ
デザイン――Pettie Petzer and Johan Jonker
時期――――1993年〜
コスト(1台)―約7,500円(約75ドル)
●http://www.hipporoller.org/

47｜仮設シェルターの職人集団 →p.186
プロジェクト―Mad Housers Hut
地域――――アトランタ(アメリカ、ジョージア州)
デザイン――Mad housers
時期――――1987年〜
コスト(1戸)―約3万〜5万円(300ドル〜500ドル)
面積――――1.5〜4.5㎡
●http://www.madhousers.org/

48｜安全な飲み水を子どもたちに！ →p.188
プロジェクト―Life Straw
地域――――ガーナ、ナイジェリア、パキスタン、ウガンダほか
デザイン――Vestergaard Frandsen
時期――――2005年〜
●http://www.vestergaard-frandsen.com/lifestraw/lifestraw

49｜水と雇用を引き出すビジネス →p.190
プロジェクト―The ROVAI pump
地域――――カンボジア
デザイン――Ideas at Work［IaW］
時期――――2006年〜
コスト―――約9,000〜3万円(90〜300ドル)
●http://www.ideas-at-work.org/IdeasRopePump.html

50｜農の恵みをもたらすツール[1] →p.191
プロジェクト―Bamboo Treadle Pump
地域――――バングラデシュ、カンボジア、インド、ミャンマー、ネパール、ザンビアほか
デザイン――iDE［International Development Enterprise］ほか
時期――――2006年〜
価格――――約2,000〜1万円(20〜100ドル)
サイズ―――高さ　150cm 幅　75cm奥行き　210cm
●http://www.ideorg.org/OurTechnologies/TreadlePump.aspx

51｜農の恵みをもたらすツール[2] →p.191
プロジェクト―Water Storage System
地域――――インド
デザイン――iDE［International Development Enterprise］
時期――――2006年〜
●http://www.ideorg.org/OurTechnologies/WaterStorageSystems.aspx

52｜出稼ぎ労働者のための移動住宅 →p.194
プロジェクト―Mobile Migrant Worker Housing
地域――――アダムス(アメリカ、ペンシルバニア州)
デザイン――Design Corps
時期――――1997年〜
コスト―――1戸あたり約430万円(4万3000ドル)
面積――――69㎡

53｜バリアを克服する車椅子 →p.196
プロジェクト―Rough Rider
開発地域――サンフランシスコ(アメリカ)
デザイン――Whirlwind Wheelchair International
価格(1台)――約7万9900円(799ドル)
●http://www.whirlwindwheelchair.org/

54｜子どもも使える水くみタンク →p.198
プロジェクト―Q Drum
地域――――アフリカ
デザイン――P. J. and J. P. S. Hendrikse
開発時期――1993年
サイズ―――高さ36cm、直径50cm、重量4.5kg
●http://www.qdrum.co.za/

ベーシック・イニシアティブ　ウェブサイト

- http://www.basicinitiative.org/About.htm
- http://www.basicinitiative.org/About/History.htm

ナサニエル・コラム　ウェブサイト

- http://www.nathanielcorum.com/

オープン・アーキテクチャー・ネットワーク　ウェブサイト

- http://openarchitecturenetwork.org/

ルーラル・スタジオのウェブサイト

- http://apps.cadc.auburn.edu/rural-studio/Default.aspx

サミュエル・モクビーのウェブサイト

- http://samuelmockbee.net/

写真・図版クレジット

Agence Vu / Afro	106-107
Alice Waters, Edible Schoolyard, Chronicle Books	116-118, 121上, 123
Andrew Lee - Andrew Lee Photographer	94, 95上
Anna Heringer	28-32, 33下, 34上
Architects Rudanko + Kankkunen	148-155
Architecture for Humanity	109-113
BaSiC Initiative	44-51, 157,159-160, 162-163
Bauteam / BASEhabitat	35下
Bob Dolby	96-97
Bryan Bell	195
Cal-Earth	52-59
Chris Howard	197
Christobal Palma	60-61, 65下, 67
Clay Davis / Mad Housers	187
Design that Matters, Inc.	98
ELEMENTAL	60左, 62-64, 66
Erik-Jan Ouwerkerk	22-27
fuseproject	99
Harry Connolly	38
Ideas at Work (IaW) Cambodia	190
IDE-International Development Enterprise	192-193
Iwan Baan	132-133
JESKI Social Campaign	01, 86-93
Katharina Doblinger	33上
Katie Standke	116左, 120, 122
Koji Fujii / Nacása&Partners Inc.	124-131
Lacaton & Vassal	213
Li xiaodong	167
Mechai Viravaidya	69
Michael Rosenberg	40, 41下
Nathaniel Corum	39
Patrick Rivierre	103
PJ Hendrikse	198-199
Roundabout Water Solutions	178-180
Royce Bosselman	186
Rural Studio, Auburn University	142, 144
Ryo Yamazaki	95下、119, 121下
School of Architecture, The Chinese University of Hong Kong	170-177
Skip Baumhower	36-37, 41上, 42-43
Siméon Douchoud	20-21
Sue Zalokar	102
Tadeuz Jalocha	65上
The Hippo Water Roller Project	182-185
The Sky is Beautiful	73
Timothy Hursley	76-83, 140-141, 145-147
United Bottle Group	100-101
Urban-Think Tank	134-139
Vestergaard Frandsen	189

越境のデザインをめざして——あとがきにかえて

本書を書くことになったきっかけ

『pen』という雑誌がある。たまにソーシャルデザインに関する情報が紹介されるので注目していたのだが、2004年の6月15日号は秀逸だった。「そうか、この手があったか!」と題し、42人のデザイナーやアーティストの斬新な取り組みが紹介されていた。そのなかの何人かは社会的な課題に取り組んでいて、僕がとくに興味を持ったのは建築の力で社会的な課題を乗り越えようとするアーキテクチュア・フォー・ヒューマニティだった。代表のキャメロン・シンクレアが同い年だったことも興味深かった。

彼の経歴を調べてみると『Design Like You Give a Damn』という本を出している。すぐに手に入れて、studio-Lのスタッフやインターンの学生たちとともに翻訳を始めた。この本には世界中で取り組まれているソーシャルデザインのプロジェクトが88事例紹介されており、どれも印象的なものばかりだった。

僕はさっそくキャメロンに連絡し、サンフランシスコのオフィスに出かけ、ソーシャルデザインやコミュニティデザインについての話をした。彼がまとめた書籍を日本で翻訳出版したいと持ちかけたところ、「日本で紹介されるのは嬉しい」と快諾してくれた。ところが、日本の出版社とアメリカの出版社との話し合いがうまく進まず、残念ながら翻訳出版は実現しなかった。

2009年に彼のオフィスを再び訪れたとき、ちょうど数日後からMoMAでソーシャルデザインの展覧会が開催されるからプレス発表に出席しないか、と誘われた。願ってもいないことである。すぐにニューヨークへと移動した。その展覧会「Small Scale, Big Change」のプレス発表には、出展しているデザイナーが一堂に集まっていた。キャメロンに紹介されて世界中のデザイナーたちと名刺交換して帰国した後、その人たちの仕事を日本語で紹介したいという気持ちが高まった。鹿島建設の広報誌「KAJIMA」での「世界のソーシャルデザイン」をテーマとした連載を依頼されたちょうどそのころである。連載の図版はMoMA

で知り合った世界中のデザイナーたちが提供してくれた。いずれも日本でソーシャルデザインの事例が紹介されることを喜び、快く応じてくれた。本書の原稿はこの連載を核にしている。

2つの震災を経験して

1.17と3.11を経験した日本の多くのデザイナーが、ソーシャルデザインに興味を持ち始めている。人口が減少する時代であり、経済が低成長な時代であり、モノが売れない時代である。また、大量のモノをデザインすることが、どこかの国の資源を浪費することにつながっていることに気づいてしまった時代でもある。そして、カネとモノをたくさん手に入れることは、決して本当の豊かさにつながらないことにも気づいてしまった時代である。一方で、ふたつの大震災をはじめ、鬱、自殺、孤独死、限界集落、温暖化ガス、エネルギーなど、さまざまな社会問題が顕在化した時代でもある。多くのデザイナーやデザインを学ぶ学生たちが、これまでどおりコマーシャルデザインの分野で活躍するだけでなく、ソーシャルデザインの分野で自分の力を活かしたいと感じ始めている。

　こうした流れに呼応するように、『pen』や『AXIS』や『a+u』などのデザイン系雑誌がソーシャルデザインを紹介し始めている。また、『世界を変えるデザイン』や『なぜデザインが必要なのか』など海外のソーシャルデザイン関連書籍が翻訳出版されるようになってきた。

　ソーシャルデザインに関する展覧会の日本における嚆矢は、1989年に名古屋のINAXギャラリーで開催された「いのちを守るデザイン」展である。2003年にはアーティストの五十嵐威暢が、チャールズ・イームズとレイ・イームズの孫で映像作家のデミトリオス・イームズを北海道新十津川町に招き、彼が撮影したルーラル・スタジオのソーシャルデザインプロジェクトに関する短編フィルムを上映した。このフィルムはその後、東京・五反田にある東京デザインセンターでも上映された。2010年には、六本木のアクシスギャラリーと東京ミッドタウン・デザインハブで「世界を変えるデザイン」展が開催され好評を博した。その後、この展覧会は神戸にも巡回している。そして、2012年にはデザインハブにて「信じられるデザイン」展が開催された。

また、建築家の坂茂による「Voluntary Architects' Network」や、デザイナーの川崎和男による「平和維持デザイン」、水谷孝次による「メリープロジェクト」など、日本のデザイナーによるソーシャルデザインプロジェクトも注目されつつある。さらに、「BeGood Cafe」「Think the Earth」「greenz.jp」「Granma」など、社会的な課題とデザインとをつなぐ取り組みも増えている。

ソーシャルデザインを後押しする動き

こうした潮流は、ソーシャルビジネスや社会起業家の活躍と無関係ではないだろう。ソーシャルベンチャーパートナーズ東京の井上英之、フローレンスの駒崎弘樹、Table for Twoの小暮真久、カタリバの今村久美、MY FARMの西辻一真などによる、社会的な課題に対するさまざまなアプローチが紹介されるようになった。こうした取り組みに影響を受けたり、実際に協働したりするデザイナーが増えていることも、日本におけるソーシャルデザインを後押ししていると言えよう。

ソーシャルデザインの現場で必要となる、シェア、ダイアローグ、ファシリテーション、デザイン思考、マイクロクレジット、プロボノなどといった概念も整理されつつある。ブログ、Twitter、Facebookなどのソーシャルメディアの普及もソーシャルデザインの可能性を拡げている。

さらに、NPOをはじめLLPやLLCなど、これまでとは違う働き方を実現させるための法人や組織が制度化されたこともソーシャルデザインの実践に影響を与えている。

ソーシャルデザインとは

グラミン銀行を設立したムハマド・ユヌスは、「社会問題をビジネスの手法で解決するのがソーシャルビジネス」だという。この言葉を援用すれば、ソーシャルデザインとは「社会問題をデザインの手法で解決すること」だと言えよう。すでにその手法は多くの言葉で表現されている。デザインにまつわる言葉がややこしいのは、「何をデザインするか」と「どうデザインするか」が混ざって使われることに起因する。「何をデザインするか」はデザインの対象物を指す言葉であり、建築デザイン、プロダクトデザイン、グラフィックデザイン、ウェブデザインなどが代表的だ。一方、「どうデザインするか」はデザインの方法を指す言葉であり、バリアフリーデザイン（障がい者や高齢者の利用を可能にするデザイン）、ユニバーサルデザイン（ひとりでも多くの人が利用できるデザイン）、インクルーシブデザイン（障がい者や高齢者の特性を活かしたデザイン）、サステイナブルデザイン（持続可能なデザイン）、エコロジカルデザイン（生態系に配慮したデザイン）、ローカルデザイン（地域に根ざしたデザイン）、コミュニティデザイン（参加型のデザイン）などがソーシャルデザインの方法を端的に示している。

ソーシャルデザインに関する取り組み

『pen』でキャメロンの取り組みを見た1年後、僕は当時勤めていた設計事務所を辞めてstudio-Lというコミュニティデザイン事務所を設立した。社会の課題を解決するために人のつながりをデザインするのを仕事としている。その意味では、これまで関わったプロジェクトのいずれもがソーシャルデザインを意識したものだった。

博報堂と協働で進めている「issue + design」プログラムは最もわかりやすい活動である。ソーシャルデザインについて考えるため、学生や若手デザイナーとともに社会的な課題について調べ、それを解決するためのデザインを提案するというプログラムだ。これまでに「震災＋デザイン」「放課後＋デザイン」「自転車＋デザイン」「耐震＋デザイン」「食＋デザイン」、「震災復興＋デザイン」、「超高齢社会＋デザイン」について考えてきた。ここで生まれたアイデアのいくつかは実現し、東日本大震災で活用された「できますゼッケン」や、子育てに関する詳しい情報が掲載された「新・母子手帳（親子手帳）」、3月11日から始まる「震災はじまり手帳」などに結実した。

三重県伊賀市にある製材所とstudio-Lが協働して進める「穂積製材所プロジェクト」は、日本の森林が抱える問題をデザインによって乗り越えようという試みである。針葉樹を使った家具づくりが体験できる場として製材所を少しずつリノベーションしている。2012年にはプロジェクトオフィスも完成し、いよいよ「家具のプロジェクト」「農のプロジェクト」「食のプロジェクト」が始まる。

studio-Lで取り組んでいるコミュニティデザインの実践もまた、ソーシャルデザインとしての性格が強い。疲弊した商店街や高齢化が進む離島の集落、人とのつながりが希薄化した都心部の住宅や廃線になった線路跡地など、社会的な課題に対して人のつながりをデザインすることで新たな価値を生み出そうとしている。

ソーシャルデザインの教育という面では、プロダクトデザイナーのムラタチアキと協働して、京都造形芸術大学に「ソーシャルデザイン・インスティテュート」を設立した。これは大学院生だけが参加できるプログラムで、学部時代に学んだそれぞれのデザインスキルを活かして社会的な課題の解決に取り組む実践的な教育の場をめざしている。

本書の元となった広報誌の連載時から、鹿島出版会の川尻大介氏には大変お世話になった。本書をまとめる過程でも編集者として多くの有益なアドバイスをいただいた。記して謝意を表したい。また、連載の単行本化を快諾してくれた鹿島建設広報室にも感謝している。世界中のデザイナーとやりとりし、資料を整理してくれたのはstudio-Lの曽根田香である。彼女はキャメロンの書籍を翻訳出版しようと考えたころから今までずっとソーシャルデザインに関する情報を収集整理してくれた。曽根田がいなければ本書は完成していなかっただろう。同様に、曽根田を補助した山角みどり、書籍の撮影を担当した楢侑子、曽根田とともに最初の翻訳に携わった谷彩音にも感謝したい。

最後に、ソーシャルデザインの取り組みを日本で紹介するきっかけをつくってくれたキャメロン・シンクレアと、ソーシャルデザインの実践に関する資料や図版を惜しみなく提供してくれた世界中のデザイナーたちに感謝する次第である。

本書の冒頭に述べたとおり、今回は便宜上、ソーシャルデザインとコマーシャルデザインを分けて考えてきた。ところが、現代のデザイナーはコマーシャルデザインに関わりつつ、ソーシャルデザインにも関わっていることが多い。マギーズセンターで紹介したとおり、ザハ・ハディッドもレム・コールハースもフランク・ゲーリーもソーシャルデザインに関わっている。さらに、フランスのラカトン・アンド・ヴァッ

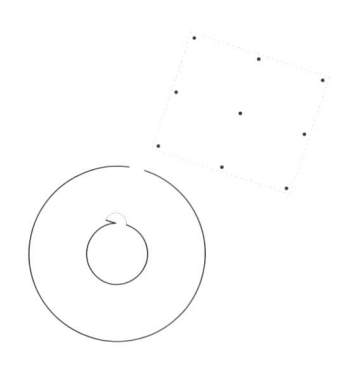

ラカトン・アンド・ヴァッサルのジャン・フィリップ・ヴァッサルは1980～1985年にニジェールのニアメで関わったプロジェクトを、建築家としてのキャリアの出発点としている

サルという建築家ユニットは、アフリカのニジェールにおけるソーシャルデザインから建築の実務を始めたという特異な経歴を持ち、そのときの経験を活かして現在の建築界で活躍している。

日本の若手デザイナーの中にも、コマーシャルデザインとソーシャルデザインを軽々と行き来しながら実践を続ける人たちが現れつつある。とくに東日本大震災以降は増えている。被災地の生活を助けるデザインデータベース「OLIVE」、復興を支援する建築家のネットワーク「アーキエイド」、アーティストの呼びかけで生まれた復興支援プラットフォーム「わわプロジェクト」をはじめ、たくさんのソーシャルデザインプロジェクトが立ち上がった。こうしたプロジェクトにプロボノとして関わっているデザイナーの多くが、コマーシャルデザインでは味わえない充実感を体験しているはずだ。同じ充実感を、本書で紹介した世界のデザイナーたちも味わっているに違いない。

ソーシャルデザインの今後はますます多様な展開を見せるだろう。それぞれの取り組みが少しずつ社会の課題を解決することによって、今よりも少しでもいい社会を子どもや孫に引き継いでいきたいものである。日本におけるソーシャルデザインの実践において、本書の内容が少しでも役立つとすれば著者としてこれほど嬉しいことはない。

2012年7月7日

山崎 亮

著者

山崎 亮 やまざき・りょう

コミュニティデザイナー、studio-L代表、京都造形芸術大学教授。
1973年生まれ。1999年大阪府立大学院農学生命科学研究科修士課程修了(地域生態工学専攻)。2005年studio-L設立。
空間の使い方や人的交流のマネジメントから地域の再興を図る「コミュニティデザイン」を提唱し、「デザインしないデザイナー」として、これまで数々のボトムアップ型まちづくりに参画。東日本大震災の復興やデザイン教育の現場で、デザイナーの新たな実践にも努める。おもな仕事に、いえしまのまちづくり(兵庫県姫路市家島町)、海士町の総合振興計画づくり(島根県海士町)、マルヤガーデンズのリモデル(鹿児島県鹿児島市)など。
著書に『コミュニティデザイン』(学芸出版社、2011年)、共著書に『まちの幸福論』(NHK出版、2012)、『コミュニケーションのアーキテクチャを設計する』(彰国社、2012)、『藻谷浩介さん、経済成長がなければ僕たちは幸せになれないのでしょうか』(学芸出版社、2012)、『コミュニティデザインの仕事』(ブックエンド、2012)、『幸せに向かうデザイン』(日経BP社、2012)など多数。
http://twitter.com/yamazakiryo
http://studio-l-org.blogspot.com/

協力

曽根田香(studio-L)
山角みどり(studio-L)
出野紀子(studio-L)
楢 侑子
西野康弘
関 展嵩
山口 晶

本書は、鹿島建設広報誌『KAJIMA』2011年1月号から2012年3月号までの連載「Safe+Save 支援と復興の土木・建築」の内容に加筆修正を施し、大幅に事例を追加したものです。

ソーシャルデザイン・アトラス
社会が輝くプロジェクトとヒント

2012年8月10日　第1刷発行

著　者　山崎 亮
発行者　鹿島光一
発行所　鹿島出版会

アートディレクション　加藤賢策（東京ピストル）
DTPオペレーション　舟山貴士

印刷・製本　壮光舎印刷

〒104-0028 東京都中央区八重洲2-5-14
電話　03-6202-5202
振替　00160-2-180883

本書の内容に関するご意見・ご感想は下記までお寄せ下さい。
info@kajima-publishing.co.jp
http://www.kajima-publishing.co.jp

ISBN 978-4-306-04580-4 C3052　Printed in Japan

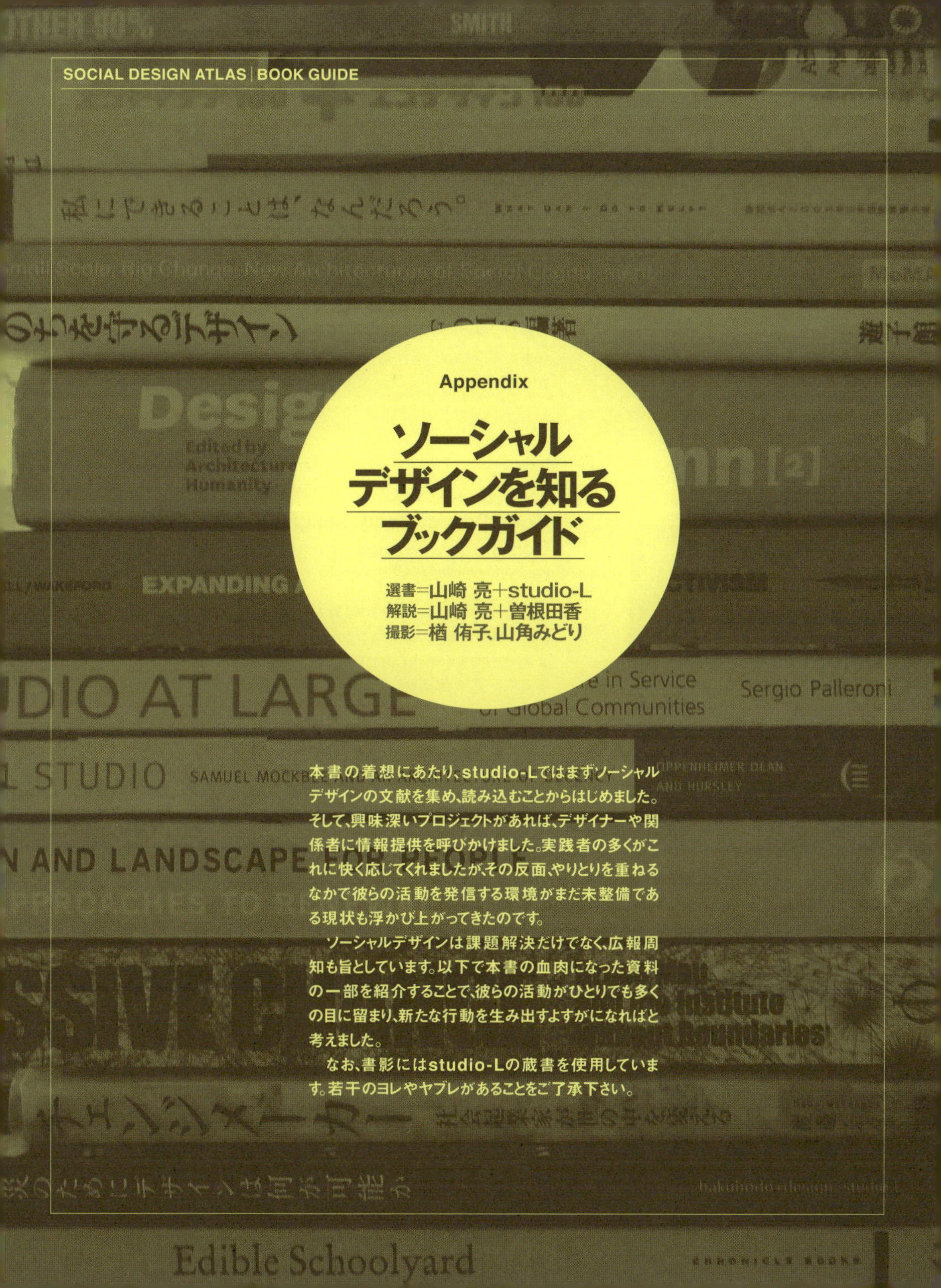

Appendix

ソーシャルデザインを知るブックガイド

選書＝山崎 亮＋studio-L
解説＝山崎 亮＋曽根田香
撮影＝楢 侑子、山角みどり

本書の着想にあたり、studio-Lではまずソーシャルデザインの文献を集め、読み込むことからはじめました。そして、興味深いプロジェクトがあれば、デザイナーや関係者に情報提供を呼びかけました。実践者の多くがこれに快く応じてくれましたが、その反面、やりとりを重ねるなかで彼らの活動を発信する環境がまだ未整備である現状も浮かび上がってきたのです。

ソーシャルデザインは課題解決だけでなく、広報周知も旨としています。以下で本書の血肉になった資料の一部を紹介することで、彼らの活動がひとりでも多くの目に留まり、新たな行動を生み出すよすがになればと考えました。

なお、書影にはstudio-Lの蔵書を使用しています。若干のヨレやヤブレがあることをご了承下さい。

001

Andrea Oppenheimer Dean, Timothy Hursley

Rural Studio: Samuel Mockbee and an Architecture of Decency

Princeton Architectural Press, 2002

サミュエル・モクビー率いるルーラル・スタジオの作品集。スタジオが拠点を置いていたアラバマ州ヘイル郡の各地区の状況と、そこで実施されたプロジェクトを紹介しています。学生や地域の人びとと展開する、地域の資源を生かしつつ、自由で新しい発想に基づいたデザインは、建築の新しい可能性を示すとともに、私たちにたくさんのヒントを与えてくれます。巻末には、学生、教師、クライアントへのインタビューも収録されています。

002

Bryan Bell

Good Deeds, Good Design: Community Service Through Architecture

Princeton Architectural Press, 2003

本書のイントロダクションでは、新しく家を買うときに、プロの建築家に設計を依頼する人の割合はたった2%であるという事実が述べられています。その他98%の人にとっては、建築家は手の届かない、贅沢な存在なのです。一方で、建築事務所、コミュニティデザインセンター、デザイン・ビルドプログラム、活動団体など、現場の実践者たちの多くがこの状況を変えようと取り組んでいます。そうした人びとの想いやアイデア、プロジェクトをつづった一冊です。

003

Samuel Mockbee, David Moos, Gail Trechsel

Samuel Mockbee and the Rural Studio: Community Archutecture

Birmingham Museum of Art, 2003

2003年から2005年にかけて開催された展覧会のカタログです。ルーラル・スタジオの一連のプロジェクトはもちろん、生前交流のあった人たちがモクビーにあてた追悼文や展覧会中にスタッフ間でやりとりされた手紙、モクビーによって描かれた美しいスケッチや絵も掲載されています。絵の中には、コラージュの手法が多く使われており、ルーラル・スタジオの、地域のさまざまな資源を組み合わせてつくる建物のイメージを彷彿とさせます。

004

Bruce Mau, Jennifer Leonard, Institute Without Boundaries

MASSIVE CHANGE

Phaidon Press, 2004

カナダ人デザイナー、ブルース・マウは、2006年以来、発明、技術、イベントなど、地球上で起きているとてつもない変化(Massive Change)についてリサーチした展覧会や講演を行ってきました。その展覧会のカタログである本書は、エッセイやさまざまな専門家に対するインタビュー、インパクトのあるビジュアルなどを用い、環境の構築、輸送テクノロジー、革新的な素材、エネルギー、情報システムや生物までもがデザインの定義に含まれることを示しています。

005

Bryan Bell, Sergio Palleroni, Christina Merkelbach

Studio At Large: Architecture in Service of Global Communities

Univ of Washington Pr, 2004

ベーシック・イニシアティブ(BI)によるプロジェクトをまとめた1冊。主宰者のセルジオ・パレローニがソーシャルデザインの世界を志すようになったきっかけやBIの来歴なども紹介されています。本書のあとがきでは、教育プログラムの一環であるBIの目標や、それを達成するための手段が、想像していなかった形で変化し続けてきたことが語られています。それはまさに、地域と協働してゼロからはじめるソーシャルデザインプロジェクトならではと言えるのではないでしょうか。

006

Andrea Oppenheimer Dean, Timothy Hursley

Proceed and Be Bold: Rural Studio After Samuel Mockbee

Princeton Architectural Press, 2005

サミュエル・モクビーの死後、ルーラル・スタジオがどのような活動を行ってきたかを紹介する1冊。モクビーの後継者となったアンドリュー・フレアを中心に、アラバマ南西部で実施してきた17のプロジェクトとともに、常に変化しながらも、モクビーの信念であった「進め、そして大胆になれ(proceed and be bold)」を守り続けたルーラル・スタジオの姿が伝わってくる本です。

007

Jane Goodall, Nathaniel Corum

Building a Straw Bale House: The Red Feather Construction Handbook

Princeton Architectural Press, 2005

ナサニエル・コラムは2003年から2006年の間、研究助成を受けて、仲間とともに先住民族のための手ごろな価格の住宅4軒と大学施設を建設しました。これがその後の彼のプロジェクトのモデルとなっています。その研究助成を使って出版したのがこの本。これまでに編み出してきた工法等を体系化して掲載しており、麦わらで精度の高い家を作るための手引書となっています。ネイティブ・アメリカンとともに地域の住宅の課題に取り組んできた様子も記録されています。

008

Cameron Sinclair, Kate Stohr, Architecture for Humanity

Design Like You Give a Damn: Architectural Reponses to Humanitarian Crises

Thames & Hudson Ltd, 2006

アーキテクチュア・フォー・ヒューマニティ(AfH)によって出版された、ソーシャルデザインプロジェクト集。世界各地のプロジェクトを、住宅、水、エネルギーなど、課題ごとに分類して掲載しています。AfHの設立のきっかけやその後の取り組みがわかる「I hope it's a long list…(きっと長いリストなんだろうね)」や、人道的デザインの100年にわたる歴史をつづった「100 Years of Humanitarian Design(人道的デザインの100年)」などの記事も読み応え十分です。

009

Clare Cumberlidge, Lucy Musgrave

Design and Landscape for People: New Approaches to Renewal

Thames & Hudson Ltd, 2007

社会の風景を変えようと取り組む、建築、ランドスケープ、アートなどのプロジェクトを集めた1冊です。どのプロジェクトも、長期的で持続可能な発展を担保しつつ、ひとつの目的を達成するだけではなく、複数の効果を生み出しています。また、プロとアマの壁を崩し、多様な主体との協働のもと、ゼロから取り組みを立ち上げているのも特徴的。新しく生み出された「風景」が地域に溶け込み、人々がそこで生き生きと生活している様子が、掲載されている多くの写真から伝わってきます。

010

Cynthia E. Smith

Design for the Other 90%

Cooper-Hewitt, National Design Museum, Smiths, 2007

シンシア・スミス著、槌屋詩野監修、北村陽子訳

『世界を変えるデザイン——ものづくりには夢がある』

英治出版、2009年

2007年、ニューヨークのクーパー・ヒューイット国立デザイン博物館において、「Design for the Other 90%」展が開催されました。タイトルどおり、これまでデザインの専門家が対応してこなかった、世界の人口の90%の人びとの基本的ニーズを満たすデザインをテーマにした展覧会です。この記録集である本書は、和訳版も出版されました。日本語で読むことのできる、数少ないソーシャルデザインの事例集と言えます。

011

Kristin Feireiss, Lukas Feireiss

Architecture of Change: Sustainability and Humanity in the Built Environment

Die Gestalten Verlag, 2008

建築家にも、環境や持続可能性への配慮など、社会的な責任が求められる昨今。本書では、人びとの生活に寄り添う持続可能なデザイン、自然の動きに沿った形、さらには、環境の改善にも寄与するシステムまで、環境にやさしく、かつ、建築的な質や美も担保されたプロジェクトが紹介されています。巻頭、巻末に掲載されている、自然素材を使った環境アート作品も、示唆的なメッセージを発信しています。

012

Thomas Fisher, Bryan Bell, Katie Wakeford

Expanding Architecture: Design As Activism

Metropolis Books, 2008

デザインコープのブライアン・ベルとケイティ・ウェイクフォードの編集による1冊。一部のクライアントのために限られていた建築のあり方を「拡大」していくことで、公益法や薬に近い役割を果たす「公益のための建築」が広がっていることを示しています。建築が、より多くの人のためのよりよい生活を実現する「ツール」となりつつあることを実感させてくれる本です。

013

Alice Waters

Edible Schoolyard

Chronicle Book, 2008

エディブル・スクールヤードでの取り組みが、美しい写真とともに紹介されている1冊です。駐車場だった場所を掘り起こし畑がつくられていった様子や、その場所で育まれている豊かな自然の風景が掲載されています。また、スクールヤードが学校の授業にどう取り入れられているかも紹介されています。子どもたちが生き生きとした表情で活動し、楽しく学んでいる様子が鮮明に伝わってきます。なお、日本語で読める関連書籍としては、センター・フォー・エコリテラシーによる『食育菜園』が代表的です。

014

Brad Pitt, Kristin Feireiss

Architecture in Times of Need: Make It Right : Rebuilding New Orleans' Lower Ninth Ward

Prestel Pub, 2009

ハリケーン・カトリーナによって甚大な被害を受けたニューオリンズのロウワー・ナインス・地区。 2年経った後も荒廃したままの地域の現状を目の当たりにした俳優のブラッド・ピットは、家を失った人のために150軒の住宅建設を行う「メイク・イット・ライト」をスタートさせました。プロジェクトの軌跡をつづったこの本の表紙には、鮮やかなピンク色のテントの写真が使われています。このテントは、資金集めのためのPRと、家を建てて解体した後、生地を再利用して商品を作り、その売上を資金にするというふたつの意味を持っています。

015

Allan Chochinov, Emily Pilloton

Design Revolution: 100 Products That Empower People

Metropolis Books, 2009

気候変動や貧困、人口増加など世界が抱える多くの課題。それらを美しく、持続可能で、かつ実効的な方法で解決している100事例が紹介されている一冊です。「革新的」であるだけでなく、スマートで親しみ深く、よく練られたプロダクトやシステムの数々は、デザインの可能性を強く示しています。私たちの身近に、こうしたデザインがもっと増えれば、世界の課題を楽しく乗り越えることができそうです。

016

Kristin Feireiss, Lukas Feireiss

**Architecture of Change 2:
Sustainability and Humanity
in the Built Environment**

Die Gestalten Verlag, 2009

「Architecture of Change」の続編である本書。第1弾と同様、世界で活躍する建築家たちによる、環境という課題に取り組むプロジェクトを紹介し、建築と、環境や持続可能性とのかかわりの重要性を訴えています。前編と比べ、より一層自然と親和性の高い形や材料の建築が多く登場している点が印象的です。哲学者やエンジニアなど、多様な分野の専門家のインタビューも収録されています。

017

Charles Jencks, Edwin Heathcote

**The Architecture of Hope:
Maggie's Cancer Caring Centres**

Frances Lincoln Ltd, 2010

マギーズセンターがどのように生まれ、どのように展開していったかや、センターのコンセプトなどをまとめた本です。すでに完成し、人びとに利用されているセンターだけでなく、今後完成予定のものや、残念ながら計画のままで終わってしまったものまで、それぞれの建物のコンセプトや特徴が紹介されています。健康に関する施設、設備の発展の歴史をまとめた「Architecture and Health（建築と健康）」にも興味深い情報がたくさんつまっています。なお、マギーズセンターに関する日本語の文献としては「メディカルタウンの再生力　英国マギーズセンターから学ぶ」などがあります。

018

**Ellen Lupton, Cara McCarty, Matilda McQuaid,
Cynthia Smith, Andrea Lipps**

Why Design Now? :National Design Triennial

Cooper-Hewitt Museum of Design, 2010

エレン・ラプトンほか著、北村陽子訳

**『なぜデザインが必要なのか
——世界を変えるイノベーションの最前線』**

英治出版、2012年

クーパー・ヒューイット国立デザイン博物館では2000年からナショナルデザイントリエンナーレを開催しています。その第4弾が、本書の元になった「Why Design Now?」展です。専門家だけでなく、一般市民からも推薦を募り集められたプロジェクトの数々それ自体が、展覧会名になっている問いの答えを示しているように思います。

019

Glenn D. Lowry, Andres Lepik, Barry Bergdoll

Small Scale, Big Change: New Architectures of Social Engagement

Museum of Modern Art, 2010

本書の出版のきっかけとなったニューヨーク近代美術館（MoMA）での展覧会の図録集です。課題を抱えた地域に対し、建築的な手法で解決策を示しているプロジェクトを5大陸から11事例を集めて紹介しています。それぞれのプロジェクトを見ていると、建築と社会の関係性や、建物を建てるプロセスそのものが大きく変化しつつあることを実感します。

020

Marie Jeannine Aquilino

Beyond Shelter: Architecture and Human Dignity

Metropolis Books, 2011

ベーシック・イニシアティブのディレクターとして活動するマリー・ジェニーン・アクリーノの編集による本書は、世界中の防災や災害復興の現場で活躍する専門家たちによる25のレポートを掲載しています。最前線の現場から届けられたこれらのレポートは、多発する災害のリスクに対応するには、これまでとは異なる思考が求められ、その中で建築が非常に大きな役割を占めていることを示唆しています。

021

Cynthia E. Smith

Design with the Other 90%: Cities

Cooper-Hewitt, National Design Museum, Smiths, 2011

デザインがどのように人びとの生活を救い、よりよくするのかを実証するというテーマで行われた展覧会シリーズの第2弾です（第1弾は「Design for the Other 90%」）。経済発展の影で、かつてないほどの不法定住が増えつつある地域において発生している複雑な課題を解決している事例がまとめられています。一連の展覧会で紹介されたプロジェクトは、WEBサイトでもチェックすることができます。

022

Architecture for Humanity,

Design Like You Give a Damn [2]: Building Change from the Ground Up

Harry N. Abrams, 2012

7年を経て出版された「Design Like You Give a Damn」の第2弾。AfHがこれまでの活動で得た教訓をまとめた「Lessons learned…（学んだ教訓）」や、プロジェクトを進めるうえで不可欠な資金の話「Financing Sustainable Community Development（持続可能な地域開発のための出資）」は非常に興味深い内容になっています。グラフィックデザインやコミュニケーションデザインなど、「つくらないデザイン」の事例が増えているのも印象的です。

023

ヴィクター・パパネック著、阿部公正訳

『生きのびるためのデザイン』

晶文社、1974年

ソーシャルデザインを語るうえで、忘れてはならないのが本書。著者のヴィクター・パパネックは本書で、大量生産、大量消費を促すために、社会にさまざまな弊害をもたらすデザインが数多く存在していることに警鐘をならし、デザインにも社会的・道徳的責任が求められると説いています。「ソーシャルデザイン」の概念のさきがけとなった1冊だと言えます。

024

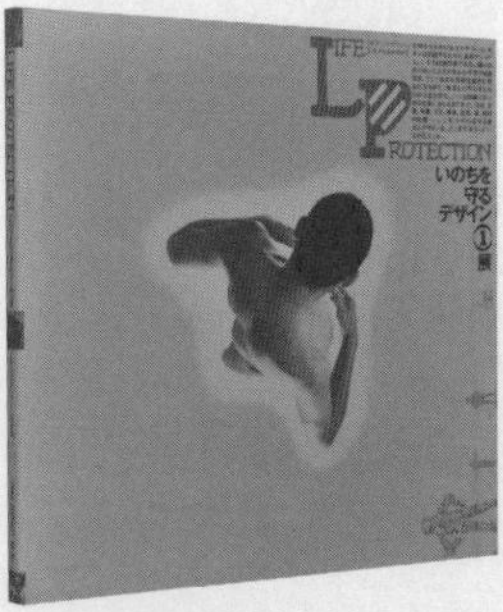

宮本勲著、永瀬唯著、芹沢高志著、斉藤実著、アルシーヴ社編集

『LIFE PROTECTION（INAX BOOKLET）』

INAX出版、1989年

1989年にINAXギャラリーで行われた「LIFE PROTECTIN――いのちを守るデザイン1」展のカタログです。中世の甲冑や城塞都市から宇宙服まで、さまざまな場面で人びとのいのちを守る道具やデザインの歴史が紹介されています。空を見上げ、自分の位置を確認するための星座表も、いのちを守る道具のひとつ。太古の昔から、私たち人類はこうしたデザインに守られながら、生き続けてきたのです。

025

ヴィクター・パパネック著、大島俊三訳、城崎照彦訳、村上太佳子訳、栄久庵憲司序文

『地球のためのデザイン
——建築とデザインにおける生態学と倫理学』

鹿島出版会、1998年

1998年に急逝したヴィクター・パパネックの遺作となった本です。経済性、合理性が最優先されたデザインが巷にあふれ、地球環境を脅かしていると訴え、その現状を軌道修正し、「明るい未来」を構築するには、人類に備わっている「倫理的資質」をもって、科学技術の発展を正しい方向に導かなくてはならないと唱えています。デザインに取り組むうえで持っておきたい基本的な心構えが語られているのではないでしょうか。

026

FOMS編集

『いのちを守るデザイン
(コミュニケーションデザイン 1)』

遊子館、2009年

「コミュニケーションデザイン」の事例をまとめた5冊シリーズの第1弾。「いのちを守るデザイン」をテーマに、「誰もが幸せに生きることができる、安全で安心な社会を築くため」にデザインができることを問いかけています。サインや地図のグラフィックからプロダクト、ランドスケープ、建物まで、幅広い事例が紹介されており、「コミュニケーションデザイン」がデザインの各分野を超えた概念であることを実感できます。

027

坂茂著、慶應義塾大学坂茂研究室著、北山恒著、ブラッド・ピット著、メディア・デザイン研究所編

『Voluntary Architects' Network
——建築をつくる。人をつくる。』

INAX出版、2010年

建築の実務の世界に飛び込んだ著者の坂茂は、徐々に「建築家はあまり社会のために役に立っていない」ことを実感し始めます。特権階級のためではなく、課題を抱えた弱者のために働きたいという想いから、世界各地の被災地で活動をはじめた著者が、現場で実践してきたデザインが収められた本書。建築の可能性や、建築家の新たな役割を感じさせる1冊です。

028

柏木博著

『デザインの教科書』

講談社、2011年

「デザインとは何か?」を問いかける本書。その答えを探るため、デザインの基本的な視点や歴史を紐解いていくと、そもそもデザインは、社会と密接に結びついていたこと、そして昨今、より一層強く、デザインに社会的な役割が求められていることがわかります。本書で繰り返し語られている、消費者は自らデザインを選択し、編集し、つくりかえていくことで、豊かな生活を生み出すことができるという視点は、まさにソーシャルデザインの概念と根底を共有しているといえます。

029

三宅理一著

『限界デザイン』

TOTO出版、2011年

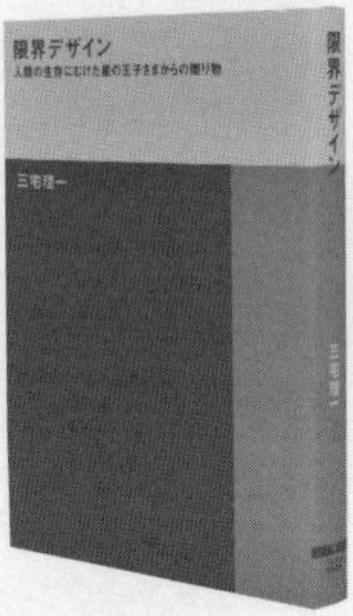

人類の歴史とともに年月を重ねてきた建築の歴史。その中で、建築は、人びとが戦争や天災、エネルギーの不足などに直面し、「極限的な状況」に置かれた際に、最低限の生活を保障する空間を提供してきました。こうした現場で実践されてきた、無駄をそぎ落とし、デザインの力を極限まで生かした「限界デザイン」は、ソーシャルデザインの本質そのものといえるかもしれません。

030

グリーンズ編

『ソーシャルデザイン
——社会をつくるグッドアイデア集』

朝日出版社、2012年

「あなたの暮らしと世界を変えるグッドアイデア」を紹介するサイト「greenz.jp」。課題をネガティブに伝えるのではなく、それを楽しく乗り越えるための解決策を提示する。そんなコンセプトをもった「greenz.jp」には、常に「楽しさ」や「ワクワク感」を感じさせる情報が紹介されています。このサイトを運営する「グリーンズ」による本書にも、思わず試してみたくなるユニークなアイデアがたくさん詰まっています。

031

Jean-Phillipe Lacaton, Inaki Abalos, Anne Lacaton, Jean-Philippe Vassal, Anna Puyuelo,

2G 60:Lacaton & Vassal Recent Work (2G Books)

Gustavo Gili, 2011

最小のコストで最大の空間を実現するため、すでにそこにある資源をうまく取り入れ、建築を生み出しているラカトン・アンド・ヴァッサル。本書に収められている彼らの作品からは、今社会に求められている、建築家という職能の新たな役割が感じられます。

032

ヴィクター・パパネック著、阿部公正ほか訳

『人間のためのデザイン』

晶文社、1985年

「生きのびるためのデザイン」に続く本書では、最終的にデザインを利用する人々や課題を抱える人々と深いかかわりを持つことで、本当に必要とされているものをふさわしい形でつくりだしていくことの重要性が語られています。

033

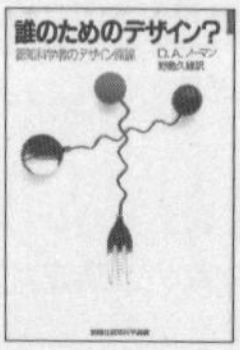

ドナルド・A・ノーマン著、野島久雄訳

『誰のためのデザイン?――認知科学者のデザイン原論』

新曜社、1990年

使い方がわからなかったり、使い方を忘れたりするのは、私たち利用者のせいではなく、デザインの問題だと主張した本書。そのタイトルは、巷に多くあふれる「利用者不在」のデザインへの強烈な批判のように感じられます。

034

渡邊奈々著

『チェンジメーカー――社会起業家が世の中を変える』

日経BP社、2005年

ニューヨーク在住の写真家、渡邊奈々が、18人の社会起業家に行ったインタビューを収録した1冊。社会が抱える課題を見つけ、解決のためにいち早く行動を起こした人々の姿を通して、社会起業家の持つ可能性を提示しています。

035

地球市民村編

『私にできることは、なんだろう。』

財団法人2005年
日本国際博覧会協会、2006年

2005年の日本国際博覧会「愛・地球博」で実施された市民参加型事業「地球市民村」。その会場で配布されていた本冊子には、「私にできること」を考えるヒントとなる、地球が直面する330の課題が掲載されています。

036

シルヴァン・ダルニル著、マチュー・ルルー著、永田千奈著

『未来を変える80人――僕らが出会った社会起業家』

日経BP社、2006年

全38ヵ国、6万5000km、440日にわたる世界一周旅行を通じて、113団体にインタビューした記録をつづった1冊。公式HPでは、取材を行った社会起業家たちのポートレイトを見ることができます。

037

デービッド・ボーンスタイン著、
井上英之監修、有賀裕子訳

『世界を変える人たち——社会起業家たちの勇気とアイデアの力』

ダイヤモンド社、2007年

5年間にわたる数百人への取材を元に書かれた本書からは、社会起業家たちが強い情熱を持ち、心から楽しみながら活動している様子が伝わってきます。「成功する社会起業家の六つの資質」の章は、これからの時代の働き方そのものを示しているように感じられます。

038

小宮山宏著

『「課題先進国」日本——キャッチアップからフロントランナーへ』

中央公論新社、2007年

著者の小宮山宏は、日本を「課題先進国」と定義しています。世界に先駆けて多くの課題に直面している日本だからこそ見出せる解決のアイデアがあります。課題は、裏を返せば大きな可能性でもあるのです。

039

渡邊奈々著

『社会起業家という仕事 チェンジメーカーII』

日経BP社、2007年

社会企業家を紹介する「チェンジメーカー」の第2弾。「ライフストロー」のベスタガード・フランドセンをはじめ、世界で活躍する社会起業家を取材し、一人ひとりが成し遂げた成果だけでなく、その背景にある想いや生き様などにも注目した一冊です。

040

フィリス・リチャードソン著、
繁昌朗訳

『XS GREEN——大きな発想、小さな建築』

鹿島出版会、2009年

小さな建築物に焦点を当て、その小さな存在が、いかに環境負荷を軽減し、自然を守っているかを紹介している1冊です。課題に立ち向かうには、まず、小さくはじめることが重要なのです。

041

hakuhodo+design著、
studio-L著

『震災のためにデザインは何が可能か』

NTT出版、2009年

社会的な課題に対してデザインが貢献できることをもっと多くの人たちに知ってもらいたいという想いから2008年に始まった「issue+design」。「避難所」をテーマにした初年度のプロジェクトの成果をまとめたのがこの本です。

042

藤田治彦著

『芸術と福祉——アーティストとしての人間』

大阪大学出版会、2009年

芸術もまた社会と強く結びついて発展してきました。先史時代から、福祉と密接に結びついた芸術があったと言われます。本書は昨今の「芸術と福祉」の流れの根源となった産業革命におけるイギリスの動きから、最近の日本での活動までをつづっています。

043

ウィリアム・マクダナーほか著、吉村英子監修、山本聡ほか訳

『サステイナブルなものづくり——ゆりかごからゆりかごへ』

人間と歴史社、2009年

「ゆりかごからゆりかごへ」は、循環型のものづくりを目指す概念。役割を終えた商品を廃棄するのではなく、再び原材料に戻そうとするものです。この概念を提唱する本書の著者は、「デザインによってゴミそのものをなくすことができる」と主張しています。

044

ムハマド・ユヌス著、岡田昌治監修、千葉敏生訳

『ソーシャル・ビジネス革命——世界の課題を解決する新たな経済システム』

早川書房、2010年

バングラデシュでグラミン銀行を創設し、無担保で少額の資金を貸し出すマイクロ・クレジットの仕組みを生み出したムハマド・ユヌスの著書。現在、マイクロ・クレジットは世界各地に普及し、地域の持続可能な活動をサポートする大きな原動力となっています。

045

ヴィクション・ワークショップ編

『エコアイデア100＋エコデザイン100』

グラフィック社、2011年

世界が抱える大きな課題のひとつが環境問題。この課題に取り組むアイデア100と、実際に実現化された商品100が紹介されています。どれも日常生活の中で楽しく取り入れられる、ユニークなアイデアばかりです。

046

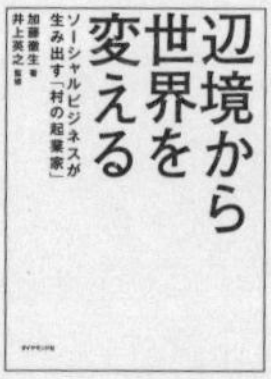

加藤徹生著、井上英之監修

『辺境から世界を変える——ソーシャルビジネスが生み出す「村の起業家」』

ダイヤモンド社、2011年

アジアで活躍する社会起業家を紹介した一冊。本のキャッチコピーとなっている「何もないから、たたかえる。」という言葉通り、課題を抱えた地域でだからこそ生まれたソーシャルビジネスのモデルが詰まっています。

047

アレハンドロ・アラヴェナ著

『アレハンドロ・アラヴェナ——フォース・イン・アーキテクチャー』

TOTO出版、2011年

個人の建築事務所とソーシャルハウジングを専門的に扱う「エレメンタル」のふたつのベースで活動するアレハンドロ・アラヴェナ。それぞれの作品をまとめた本書からは、「「制約と規制」を全て受け入れ」建築に取り組むアラヴェナの強い意思が伝わってきます。

048

フランコ・ラ・チェクラ著、石橋典子訳

『反建築——大規模開発と建築家』

鹿島出版会、2011年

レンゾ・ピアノのブレーンとして知られるフランコ・ラ・チェクラの著書。建築家は造形のみにこだわるのではなく、地域の現実や利用者のニーズに目を向け「公の財産としての都市について普通にかかわる」ことが重要であると語っています。

049

issue+design project著、
筧裕介監修
『地域を変えるデザイン
——コミュニティが
元気になる30のアイデア』
英治出版、2011年

「課題先進国」日本で生まれた、課題を美しく解決するデザイン30事例を紹介した一冊。デザインの「キー」となる社会課題を明快なビジュアルで示した「地域を変えるキーイシュー20」には、ソーシャルデザインのアイデアを考えるうえで必見です。

050

『信じられるデザイン
——この先の、デザインの
可能性を見つめて』
東京ミッドタウン・デザインハブ、
2012年

東日本大震災以降、「信用に値する存在」としてのデザインに対する意識が高まっています。東京ミッドタウン・デザインハブで開催された展覧会の図録集である本書では、51名のクリエイターが「信じられるデザインとは」という問いに答えています。

051

特集
「POWER OF
SOCIAL DESIGN」
『メトロミニッツ』 103号
スターツ出版、2011年

東京メトロ主要駅で配布されているフリーペーパーで組まれたソーシャルデザインの特集。ソーシャルデザインを扱う媒体が広がり、日本での周知度が高まりつつあることを実感させます。

052

特集
「「世界」を救うために
デザインができること」
『デザインの現場』
159号
美術出版社、2008年

「Design for the Other 90%」にヒントを得た特集「「世界」を救うためにデザインができること。」の中で、日本の実践事例16が紹介されています。「デザインにできることとは何か?」をGマーク審査委員へ問うたアンケートも興味深い内容となっています。

053

特集
「そうか、この手があったか!
42人の発想リスト」
『Pen』 131号
阪急コミュニケーションズ、2004年

大きな組織ではなく、個人や小規模の団体による革新的な取組みやアイデアが世界中で展開されています。この号の特集では、世界13都市から42人の発想が紹介されています。キャメロン・シンクレアが日本で初めてクローズアップされたのもこの記事でした。

054

特集
「建築家の小さな試み」
『a+u』 499号
エー・アンド・ユー、2012年

建築と社会がどう関わるかだけでなく、建築家がどのように社会貢献できるかについても議論が高まっている昨今。建築家たちが小さなスケールで挑んだ試みを紹介する特集が組まれました。

055 Monica Gili, Moises Puente, Anna Puyuelo, Philippe Ruault, Lacaton & Vassal (2G Books), Gustavo Gili, 2007

056 Andreas Ruby, Lacaton and Vassal, Editions HYX, 2009

057 デビッド・ライト著、加藤義夫訳『図説 自然エネルギー建築のデザイン』 彰国社、1983年

058 町田洋次著『社会起業家——「よい社会」をつくる人たち』 PHP研究所、2000年

059 斎藤槙著『社会起業家——社会責任ビジネスの新しい潮流』 岩波書店、2004年

060 谷本寛治著『ソーシャル・エンタープライズ』 中央経済社、2006年

061 ジェフリー・サックス著、鈴木主税ほか訳『貧困の終焉』 早川書房、2006年

062 マーク・ベニオフほか著、齊藤英孝訳『世界を変えるビジネス』 ダイヤモンド社、2008年

063 小暮真久著『"想い"と"頭脳"で稼ぐ 社会起業・実戦ガイド』 日本能率協会マネジメントセンター、2009年

064 馬場正尊著、竹内昌義著『未来の住宅』 バジリコ、2009年

065 ティム・ブラウン著、千葉敏生訳『デザイン思考が世界を変える』 早川書房、2010年

066 マリー・ソーほか著、林路美代ほか監訳『世界を変えるオシゴト』 講談社、2010年

067 ポール・ポラック著、東方雅美訳『世界一大きな問題のシンプルな解き方』 英治出版、2011年

068 永井一史+30人の若手デザイナーたち著『エネルギー問題に効くデザイン』 誠文堂新光社、2012年

069 『INCLUSIVE DESIGN NOW 2011』 INCLUSIVE DESIGN NOW実行委員会、2011年11月

070 『SOCIAL DESIGN CONFERENCE 2012』 ソーシャルデザインカンファレンス実行委員会, 2012年3月

071 特集「今日から行動を起こすために。地球を救う30のアイデア」『Pen』 212号、阪急コミュニケーションズ、2007年12月

072 特集「あしたの社会貢献100」『ソトコト』 142号、木楽舎2011年4月

073 特集「哲学的思考で現代社会に立ち向かう」『人間会議』 2010冬号、宣伝会議、2010年12月

074 パウロ・フレイレ著、三砂ちづる訳『被抑圧者の教育学』 亜紀書房、2011年

075 E・シューマッハー著、小島慶三訳『スモール イズ ビューティフル』講談社学術文庫、1986年

076 水谷孝次著『デザインが奇跡を起こす』 PHP研究所、2010年

077 NOSIGNER編『OLIVE いのちを守るハンドブック』メディアファクトリー、2011年

078 オリビエーロ・トスカーニ著、岡元麻理恵訳『広告は私たちに微笑みかける死体』 紀伊國屋書店、1997年

079 特集「多様化する建築——建築の終わりと始まり」『a+u』 485号、エー・アンド・ユー、2011年2月